庭院植物修剪技巧

［英］史蒂夫·布拉德雷（Steve Bradley）◎著

杨 钧◎译

长江出版传媒　湖北科学技术出版社

图书在版编目（CIP）数据

庭院植物修剪技巧 /（英）史蒂夫·布拉德雷（Steve Bradley）著；
杨钧译 . —武汉：湖北科学技术出版社，2023.7
ISBN 978-7-5706-2526-0

Ⅰ. ①庭…　Ⅱ. ①史…　②杨…　Ⅲ. ①园林植物—修剪
Ⅳ. ① S680.5

中国国家版本馆 CIP 数据核字（2023）第 069577 号

庭院植物修剪技巧

TINGYUAN ZHIWU XIUJIAN JIQIAO

责任编辑：雷霈霓
责任校对：陈横宇　　　　　　　　　　　　　　　　　封面设计：曾雅明

出版发行：湖北科学技术出版社
地　　址：武汉市雄楚大街 268 号（湖北出版文化城 B 座 13-14 层）
电　　话：027-87679468　　　　　　　　　　　　邮　编：430070

印　　刷：鹤山雅图仕印刷有限公司　　　　　　　　邮　编：518111

787×1092　　　1/16　　　　　　　　　11.75 印张　　　330 千字
2023 年 7 月第 1 版　　　　　　　　　2023 年 7 月第 1 次印刷
定　　价：58.00 元

（本书如有印装问题，可找本社市场部更换）

目录

关于本书

导读部分（第 1~9 页）概述了植物修剪的主要目的，并介绍了工具、安全事项、基本技术等与植物修剪相关的知识。本书的主要部分是植物品种（第 10~145 页），描述了 66 种花园中最常见的植物的特征。这些植物按照拉丁学名的字母顺序进行排序，针对单个植物的修剪办法做了详细的解答，并配有对应的插图。在植物品种之后的部分（第 146~177 页）中，你将会找到修剪主题相关的专栏，如绿篱、地被植物和攀缘植物等。

主要品种或栽培变种的照片。

植物学名。

植物拉丁名。

清晰的示意图演示了该植物的常规修剪操作，旁边的文字部分说明了修剪时的操作细节。

植物修剪的目的。
植物修剪的建议。

主要品种和栽培变种的修剪时间。这里无法囊括所有的品种和变种，如果不确定修剪时间的话，可以参考您当地苗圃的做法。

以相同方式修剪的同属植物列表。尽管使用的技术相似，但修剪时间可能有所不同，因此为每种植物都规定了相应的修剪时间。

必要的修剪工具。

清晰的修剪步骤说明，由塑形修剪、常规修剪和补救修剪三部分组成。

修剪位置被明显标记出来，并在页面底部进行了简要说明。

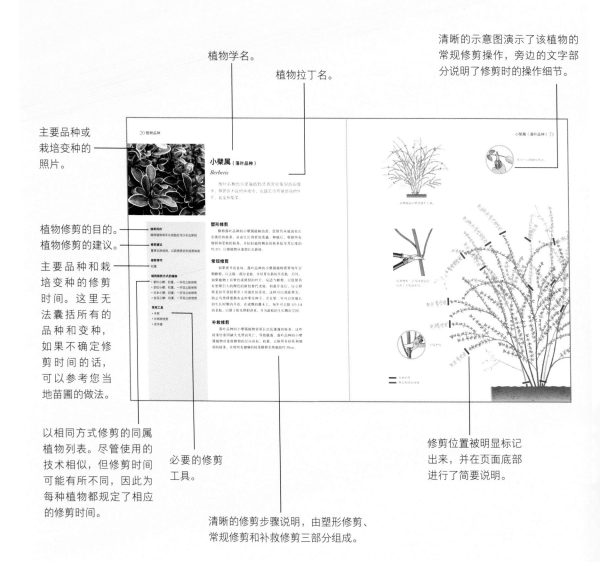

植物修剪基础知识

植物为什么要修剪？

简单来说，修剪是一种控制植物生长、形状和繁殖的手段，通过对植物进行修剪和造型来使其生长成你所预期的模样。但修剪植物并不仅仅是了解如何做以及从何处下手就可以的，你还要十分清楚自己真正想要实现的目标。

植物修剪的主要目的有：培养植物生长、促使发育平衡、控制花果数量、设计生长模式、保持植物健康，以及限制其盲目生长。有时补救修剪，也是很有必要的。

培养植物生长

早期的精心修剪（塑形修剪）可以让你创造出一株引人注目且比例均匀的植物，其花朵和果实生长在明显且易于被采摘的位置。一棵树干和枝条生长得错落

有致且角度适宜的乔木或灌木，不会轻易断裂，而且幼时经过精心修剪的植物在后期养护起来也会更加容易。总之，花在培养和修剪成长期植物上的时间应该被看作是对它们未来的投资。对园丁来说，这也是能够长期受益的行为。

促使发育平衡

健康的植物应该显露出旺盛、活跃的生长迹象，尤其是成熟期间。如果放任它们自然生长，那么大多数植物将在其生命的早期就开始开花。幼小的木本植物在早期通常只会开出很少的花，伴随着植物的成熟，才会开始定期开花、结果。植物新芽的生长速度随时间的推移，会越变越慢，当植物生长到了一定年限，新芽的全年生长量就会减少，长度也会缩短。与叶片在老枝和新枝上都可以生长不同，花朵通常只能在新枝上绽放。

从园丁的角度来看，植物能够同时发芽和开花是极为重要的。通过修剪可以实现这种平衡，让木本植物在定期开花、结果的同时，持续生长出新的木质枝条。修剪的时机通常是实现这种平衡的关键。例如，在冬末和早春对植物进行修剪往往会促使它们长出许多新芽，而在仲夏进行修剪会使植物在下一年生长出更多的花和果。开花时，摘除枯萎的残花可以避免植物结果，节省养分，有助于延长花期。

修剪良好的植物会长出更多健康的枝叶，开出更多的花，结出更多的果。

控制花果数量

随着不断开花、结果的生长周期，植物常常会陷入过度生长的状态。通过观察一株多年未经修剪的蔷薇或海棠，你就能够发现：植物开出的花和结出的果越多，它们的体积就变得越小。通常，在树枝内侧生长的花果不仅很小，而且品质也很差。

修剪弱枝有利于将枝条的营养转移到花果中去，虽然这样会减少花果的数量，但花果的体积会变大。大叶醉鱼草就是一个很好的例子，在未修剪的情况下可能会有大量的花穗，每个约 10cm 长。但是，如果在每年的正确时间进行定期修剪，其花穗的数量将减少，但每个花穗的长度可能达到 30cm 或更长。

设计生长模式

实际上，一些植物开出的花朵并不漂亮，几乎可以说是毫不引人注目。但它们的一些其他特性却让这些植物成为有吸引力的园林植物。许多落叶灌木，包括山茱萸和柳属植物，有着鲜艳的树皮，在冬季尤为亮眼。还有一些植物，例如榛属和接骨木属植物，在春季和夏季有大片的五颜六色的树叶。这些鲜艳的枝条和叶片都是在当季生长的，它们长得越茂盛，植物的观赏效果就会越好。在这两种情况下，只有通过重度修剪才能实现生长茂盛，通常需要每年将整株植物砍伐到离地面 10~15cm。

柳树和山茱萸通常是为了观赏它们的枝条而种植的，在冬季的几个月里，它们为花园提供美丽的色彩。为此，必须每年对其进行重度修剪。

保持植物健康

防治病虫害是园林工作的重要组成部分。通常，最好的控制方法是预防。良好的修剪可以预防一些严重的问题，而且良好的塑形修剪可以促使枝条变得更加强壮，让枝干与主干连接处的角度更宽，这样可以减少因枝条分裂或折断而造成伤口，这些伤口往往是病虫害感染附着的途径。

许多攻击木本植物的病菌会破坏木材，从而破坏整株植物。病菌通常通过如伤口或损伤等死去的组织进入植物，并扩散到健康的部分。这就是为什么任何修剪过程的第一步，都是在开始修剪之前去除已死的、临死的、患病的或受损坏的部分。

醉鱼草是花园灌木的绝佳选择，但必须定期修剪，以防止其周围的植物"窒息"，并促使其长出更大、更粗壮的枝条和更大、更吸引人的花穗。

如果怀疑植物有任何疾病，应先寻找可证明的迹象，例如树皮上或树皮里的木质部分是否有褐斑。通常，将枝条修剪至未发现斑块的健康部分，通过修剪增加枝条间的空隙，使枝条周围的空气充分流动，这样将减少植物患上包括霉菌病等疾病的风险，并有助于减少如蚜虫等害虫的宜居区域。这些害虫通常在植物脆弱的部分安家落户。

通过改变每年的修剪时间可以有效抵抗某些疾病。例如，橡树枯萎病如果不及时治疗，能够在几年内杀死强壮健康的橡树。在大部分乡村地区，携带橡树枯萎病的甲虫从4月下旬到6月都很活跃，所以最好在冬季修剪橡树，因为那时甲虫不活跃。

在露天花园中，将高大的蔷薇砍掉一半，可以防止它们在风中摇摆，避免其在整个冬季遭受根部损伤。

限制盲目生长

限制性修剪的最佳例子也许是盆景的制作，但是在花园中，限制性修剪的最常见用途是使成排的植物形成茂密的屏障或背景——绿篱。

如果放任植物自然生长，一般它们会越长越大。在花园和小路上，如果空间有限，这样可能会成为一个问题。在自然环境中，往往是最适应环境的或最大的植物能够存活下来，因为大型植物会排挤小型植物。大多数园丁在植物生长过程中的某个阶段都会面临这个问题，他们需要定期修剪，使植物保持在规定的范围内生长，以保障花朵和果实可以均衡生长。

补救修剪

补救修剪通常也被称为"翻新修剪"，往往用于控制生长不理想的植物或由于被忽视而变得畸形、难看的植物。补救修剪的效果各不相同，有些植物的反应很好，在获得改善之后还能生长很多年。而部分植物，如金雀花和针叶树，会在重度修剪后死亡，而不是变得更好。

即使对补救修剪反应积极的植物，有时也会出现问题。例如当这些植物被芽接或嫁接到砧木上时，砧木可能和嫁接到上面的品种一样茁壮生长。此外，如果你正在对嫁接植物进行补救修剪，则要小心砧木和接穗连接在一起的地方。如果植株被剪到连接处下方，接穗将被移除，只有不定芽从砧木上长出。

补救修剪可以改善你花园中植物的生长状态，但不要期待奇迹！多年的疏忽不能通过一次补救修剪而被纠正。

修剪是为了限制边界植物的生长，否则它们会迅速占据空地。

植物修剪工具

　　植物修剪是项艰苦的工作，如果你的工具质量欠佳或者不够锋利，那么修剪时可能会比较困难。这些工具需要经常打磨和上油，才能保持良好的使用状态。

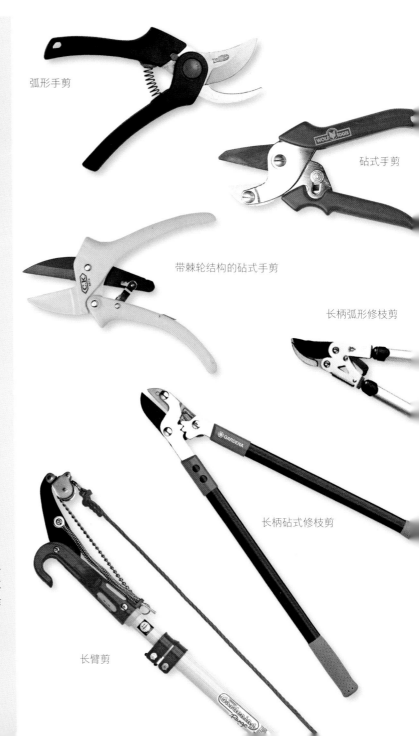

弧形手剪

砧式手剪

带棘轮结构的砧式手剪

长柄弧形修枝剪

长柄砧式修枝剪

长臂剪

手剪

大多数修剪是由手剪完成的，而选择哪种手剪类型很大程度上取决于个人偏好的切割方式，有以下两种

- 砧式手剪：具有一个直刃切割刀片，可闭合在一块由软金属或塑料制成的砧座，有些具有棘轮结构，可用于逐步切割枝条。但是砧式手剪比传统类型的手剪切割时动作要慢，在某些情况下砧式手剪也并不理想，有时它会压碎枝条、剪裂树皮
- 弧形手剪：其刀片可以互相交叉，是小型园艺工作中最受欢迎的修剪工具，用它修剪时切口整齐干净，枝条边缘不会裂开

长柄修枝剪和长臂剪

- 长柄修枝剪：通常称为"修枝剪"，是用于处理较粗的树干和树枝的重型修剪器。长手柄可以伸得更远，同时产生更强的杠杆作用。长柄修枝剪也有棘轮和砧式两类
- 长臂剪：通常用来修剪高处的枝条，这样就不需要梯子了。长臂剪由一根长 2~3m 的杆组成，顶端有重型修剪器，通过拉动连接到杆底的电缆来操作刀片，顶部装有一种大剪刀，可用于切割高处的枝条

锯子

修剪用的锯子有几种不同的类型，可用于切割较粗的树枝

- 希腊锯：当树枝生长密集时，希腊锯可以派上用场，其刀片具有尖而锋利的锯齿，呈曲线形，这种设计有利于切割
- 折叠锯：希腊锯的一种变形，它的设计是将刀片放置在手柄中以使其闭合，就像一把大口袋刀一样
- 弓锯：可快速切割，用于锯非常粗的树枝（直径13cm以上），它们的刀片可以替换
- 长杆锯：可在没有梯子时用于修剪高处的枝条，其杆子长达2~3m，顶端装有重型希腊锯

修剪刀

- 修剪刀：其刀刃是弯曲的，这样有利于剪断细弱的枝干和枝条。其刀柄通常比较粗，以增加抓合力

手动大剪刀

- 手动大剪刀：具有弧形切割功能，可用于修剪大量细嫩多汁的枝叶。有些型号的刀片底部具有缺口，可以切割较粗的枝条

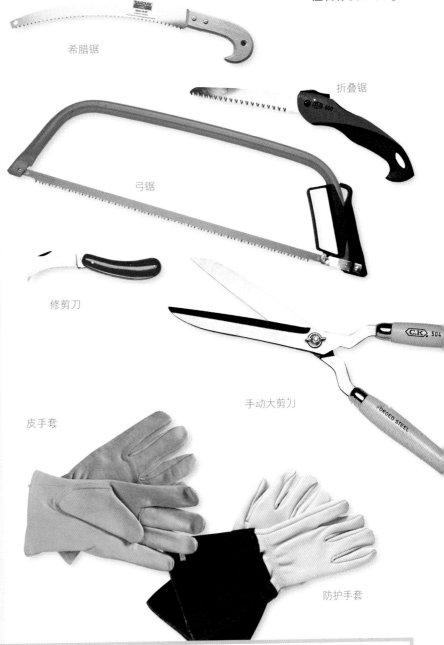

希腊锯

折叠锯

弓锯

修剪刀

手动大剪刀

皮手套

防护手套

健康与安全

- 修剪时，特别是当处理有刺的植物时，戴上一副结实的皮手套或防护手套是一个明智的选择。
- 如果你的皮肤敏感，修剪会分泌刺激性汁液的大戟属植物或会引起植物皮炎的芸香（芸香属植物）等时要戴上手套，以免引发过敏反应。
- 通常建议佩戴安全护目镜，特别是在使用电动工具或切割设备时。当你从事可能产生大量灰尘或烟雾的工作

时，要戴口罩以保护你的口鼻。

- 当使用园林机械和工具时，特别是电动或汽油驱动的，一定要穿适当防护服装，包括手套、耳塞和防护眼镜，以及坚固的鞋子。大多数机器都有安全标志，以指示防护服装的最低标准。不要穿宽松的衣服，因为它们可能会被夹在移动的机械部件中。
- 当你清理正在工作的区域时，要先把大块废弃物拖走，以防被其绊倒。
- 如果园林工具脏了、生锈了或损坏了，

它们就不能正常使用。所以，所有园林工具用完后都要清洁。

- 如果你决定在修剪时使用梯子，那么一定要小心，要在有支撑的阶梯或平台上工作，并请专业人士来修剪、移除大树或沉重树枝。

常见植物修剪技术

你可以通过植物的选择来推断你需要完成的基本修剪工作量。植物的好坏可以从是否有病虫害、是否受伤、是否生长良好等方面来判断，即使在植物休眠季节，这些方法依然适用。

当你为你的花园购买攀缘植物和灌木的时候，选择那些已经从基部长出几根健康枝条的植物。购买树木则要选择那些具有强壮的树干和分枝的，并且分枝间隔均匀，与树干形成合适的角度。这样当它们成熟时，就会形成良好的枝丛和骨架。

修剪准备工作

在开始修剪任何植物之前，对植物的生长习性有基本的了解会对修剪有所帮助。你不需要成为一个植物学家，但应该对植物的自然生长习性有个大概的了

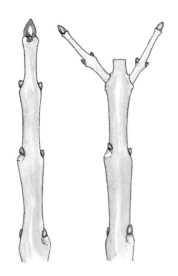

修剪枝条后，有成对芽的植物会自然长出一对侧枝。

解。它是直立的，还是灌木型的，又或是蔓生的，以及什么时候开花，等等。这方面的知识会让你知道，当你修剪的时候，植物会有什么反应。但是有一点需要牢记，就是大多数植物在一年中的不同时间对修剪的反应是不同的。

通过观察你想要修剪的植物，很快就会发现每个芽的顶端都有一个芽尖，其通常被称为"生长点"。在枝的上面、芽的下面排列着其他较小的侧芽，称为"腋芽"。它们以一种特殊的方式排列，因植物而异，名字来自它们在枝上形成的地方——叶腋。这些芽的位置将决定未来的侧枝或开花芽在哪里发育。

芽通过产生抑制腋芽生长的化学物质来影响腋芽的生长和发育，这是一种被称为"顶端优势"的现象。如果顶端芽受损或被拔掉，腋芽和嫩枝就会迅速生长形成侧枝。"顶端优势"通常在较年轻的植物中表现更强，而且往往在植物经历某种类型的塑形修剪时更显著。

当你必须决定在何处剪枝时，了解一株植物在修剪后会产生的反应是很重要的。不要错误地认为重度修剪是控制植株生长

一旦达到预期的尺寸，一些植物将只需要使用大剪刀或篱笆剪每年修剪一次即可。

的最好方法，相反，其通常会让植株生长得过于旺盛。

定位修剪位置

大多数你想要修剪的植物，它们的芽会按照以下2种方式有规律地间隔排列在枝条上：一种是交替生长，即1个芽在枝条的一侧，另1个稍远一点的芽在枝条的另一侧，以此类推；一种是成对生长，即枝条的两侧各有1

个，彼此正好相对。这些芽越靠近枝条底部越密集，向上则彼此距离会稍稍变宽。

如果一株植物的芽是交替生长的排列方式，从枝条的顶部往下看，你会发现芽沿着枝条呈螺旋状生长。如果芽是成对生长，从顶端看去，你会发现它们彼此之间呈直角。这些排列方式是为了给每一片叶子提供最大限度的空间和阳光。

对于芽呈交替排列的植物，任何修剪都应该有一定的角度，应在芽的上方2.5~5cm处，沿着最顶端修剪，这一点很重要，因为任何伤口的愈合在很大程度上都受到这些邻近生长芽的影响。通常，在向外侧生长的芽的上方修剪，可以增加枝干和枝条之间的空隙。对于芽成对排列的植物，任何修剪都应在1对芽的上方2.5~5cm处进行，且修剪方向

要与枝干呈直角。这将使枝条的顶部形成一个平整的切口，使成对的两个芽都不会受损。

选择修剪时机

为了方便园丁，修剪通常在冬季进行。当天气寒冷，地面潮湿或结冰，无法挖掘或耕作土壤时，通常就会做些其他园艺工作，如修剪，直到土壤条件改善。

一般来说，大多数落叶植物最好在开花结束后或者在秋季、冬季和早春休眠期进行修剪。然而，正如大多数规律一样，在实际情况下也有例外。为了获得诱人的果实而种植的植物通常会几年不修剪，以实现果实丰收。有些植物在冬眠时，特别是在冬末或早春，对修剪反应不佳。在错误的时间进行修剪会导致植物的大部分枝条死亡，在极端情况下，甚至会导致整株植物死亡。出于

为了能在冬末长出迷人果实而修剪的植物——鸟儿穿在上面觅食。

这个原因，一些植物，如桦木属、七叶树属、槭属、杨属和胡桃属等植物，宜在夏季长满枝叶时修剪。为了保护它们不流失大量的汁液，它们的叶子会"引导"汁液流过修剪过的伤口，使伤口保持相对干燥，减少枝干死亡的几率。

有些植物需在1年中特定的时间被修剪，以保护它们免受特定的害虫或疾病危害。如果真菌性和细菌性植物病害在你所在的地区很常见，那么最好在天气干燥的时候修剪。山茱萸的炭疽病和山楂的火疫病在春季多雨的时节中容易传播。

修剪有互生芽的植物，沿着芽生长的方向剪1个倾斜的切口。

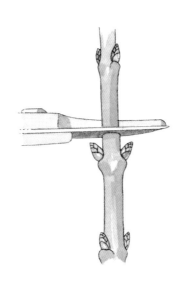

修剪有对生芽的植物，在1对芽的上方，与枝干部分成直角平切。

避免修剪伤害

修剪会给植物带来或大或小的伤害。伤口愈合的速度是衡量植物健康状况的一个很好的指标。修剪造成的伤口往往就像植物受到其他损伤而导致的伤口一样，是真菌或细菌孢子的潜在入口。尽管疾病的风险永远无法完全消除，但你可以通过使用锋利的切割工具，在适当的位置切割，来降低这种风险。

数千年来，园丁们都是通过在伤口处涂上油漆和其他制剂来保护伤口，以"帮助"植物恢复。然而，研究表明，覆盖伤口实际上会封闭疾病孢子，并促使真菌繁殖。

木本植物会天然地产生化学和物理屏障，以抵御导致腐烂的有机体入侵。正确的修剪位置比任何进行伤口覆盖的工作都能对植物提供更有效的保护。在许多植物身上都有自然屏障点，它是侧枝和主干相连的轻微肿胀的区域。精准地在这个点进行修剪可以使因修剪造成的伤口愈合速度加快。出于同样的原因，任何需要修剪的枝条都应该在芽上方约2.5cm的地方进行修剪，因为芽会产生促进伤口快速愈合的化学物质。

在修剪过的枝条上涂上油漆仅仅是为了装饰，用于遮盖一个苍白的大伤口，防止它与周围深色的树皮形成反差。

修剪和塑形

对于许多植株来说，在正确的位置进行恰当的修剪只是其中的一部分。修剪通常是与某种形式的塑形结合起来进行的，这种塑形包括将枝条固定在特定位置，或修剪掉向特定方向生长的枝条。在修剪过程中，通常使用藤条或木桩引导植物的枝条或芽直立生长，或使用电线、格栅和框架引导植株向有角度的或水平的方向生长。

一定要注意的是，在种植植物时，不能一味地修剪。不要忽视植株的营养需求，尤其是在夏季修剪时，从正在生长的植物上剪掉大量叶片会削弱它们的营养成分来源。在修剪完成后，施肥、浇水和覆盖是帮助植株维持平衡、健康生长和快速恢复的必要条件。

在日本枫树生长旺盛的夏季对其进行修剪，以预防病害。这将减少真菌孢子进入伤口的机会。

掐尖

　　对幼小的植株进行塑形的主要技巧之一是掐尖。包括掐掉植物原本的生长芽，以促进侧枝生长。由于嫩枝通常柔软多汁，用拇指和食指就可将其折断。

去除枯花

　　植物开花会产生种子。一旦一朵花被授粉，它就会逐渐结出带有种子的果实，而未授粉的花则会在植物上停留更长的时间。一旦种子结出，植物就会逐渐减少开花。所以，从一株植物上去除凋谢的花朵会刺激其他花蕾的快速生长，就像重复开花的玫瑰一样。

　　对于那些只开一次花的蔷薇类植物来说，这方面的修剪并不重要，但去除枯花可以保持植株整洁，改善外观。对于许多植物来说，最好的方法是只去掉花和一小段花枝，留下尽可能多的叶子和嫩枝。在植物生长的过程中，植物的这些部分仍然可以生成养分来支持植物的其他部分。

靠墙进行扇形牵引是在狭窄空间内种植大型植物的绝佳方法。修剪时，让更有活力的新枝条代替老枝很重要。

定期去除枯花，以防止花朵形成种子。去除枯花会促进植物之后的开花，从而延长花期。

植物品种

  这份按植物学名排序的修剪指南包含 66 种适合在庭院种植的植物，针对每种植物，都详细介绍了在其生长期、日常管理及维护补救等不同阶段需要使用的修剪技术，并附上了详细的说明和插图，可以让人清楚了解修剪的时机和方法，以及如何选择工具。

常规修剪
除去枯枝和残枝

六道木属

Abelia

光滑的深绿色叶片和漂亮的花朵让六道木属植物成为混合花境、灌木丛或栅栏上的迷人点缀。

修剪目的

促进植物的生长和新枝发育，去除不能开花的老枝

修剪建议

晚花品种开花后不要立即修剪枝条，否则由此生长出的新枝芽将被冬季霜冻严重破坏

修剪季节

早春或晚春

相同修剪方式的植物

- 多花六道木：晚春、夏季和花后修剪
- 糯米条：早春修剪
- 大花六道木：早春修剪
- 莲梗花：早春修剪

常用工具

- 手剪
- 长柄修枝剪
- 修枝锯

塑形修剪

修剪幼小的六道木属植株，可以促使其从地面处长出强壮的枝条，从而生长得更加茂盛。种植后，剪掉所有细弱和受损的枝条，并将剩余的枝条剪至其长度的约 1/3。当植株成熟时，将从基部长出新枝。

常规修剪

六道木属植物通常从基部长出新芽，或在现有的枝条上长出新芽。每年应定期修剪植物，以去除一些老枝，让新枝有生长的空间。植物开花后，剪掉大约 1/4 的老枝上的枝条，可以将它们剪至剩 1 对健康的芽处，也可以将其直接剪至地面处。去除所有细弱的枝条，以免枝条生长过于密集。春末，剪掉所有因霜冻而损坏的枝芽。

补救修剪

如果多年不进行修剪，六道木属植物就会长出大量弱的、短的、细的枝条，以及数量较少、质量较差的花朵。春季，将所有枝条剪至离地面 15~20cm。夏季，将最细弱的枝条去除约 1/3，以免枝条生长过于密集。

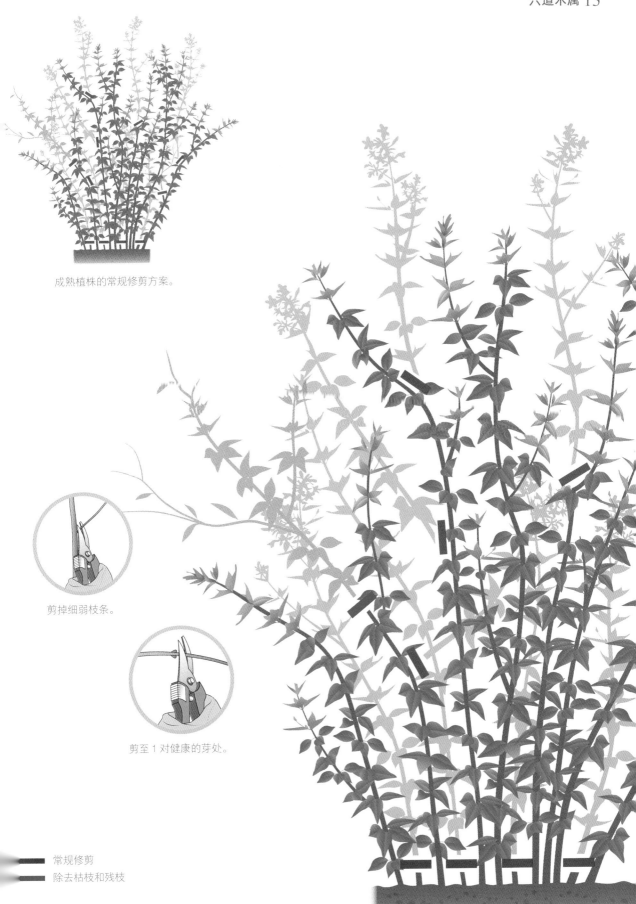

成熟植株的常规修剪方案。

剪掉细弱枝条。

剪至 1 对健康的芽处。

▬ 常规修剪

▬ 除去枯枝和残枝

猕猴桃属

Actinidia

作为完美的攀缘植物，猕猴桃属植株适合种在朝南或东南的靠近门窗的墙边，那里阳光充足，可以尽情享受其花朵的优美与芬芳。

修剪目的
促进植物生长平衡，控制发育

修剪建议
在枝芽开始生长前进行修剪

修剪季节
冬末或早春

相同修剪方式的植物
- 软枣猕猴桃：在冬末或早春进行修剪
- 中华猕猴桃：在冬末或早春进行修剪
- 狗枣猕猴桃：在冬末或早春进行修剪
- 葛枣猕猴桃：在冬末或早春进行修剪
- 葡萄属植株：在冬末或挂满枝叶时进行修剪

常用工具
- 手剪
- 长柄修枝剪

塑形修剪

修剪幼小的猕猴桃属植株，促使它们从基部长出强壮的枝条，形成株型框架。种植后的第一个春季，剪掉所有细弱和受损的枝条，并将剩余的枝条剪至离地面约 30cm，强壮、健康的芽点处。随着新枝的生长，从中选出 6 根生命力最强的新枝组成支撑结构。第二个春季，将所有侧枝剪掉约 2/3，并将所有细枝剪至剩一两个芽，然后将弱枝全部去除。

常规修剪

可以通过为猕猴桃属植物打造强壮、健康的株型框架，来促使其生长出更多健康的枝条。另外，修剪成熟的植株时，需要使其保持在规定的生长空间内。冬末或早春，将主枝剪短至原始长度的 1/3~1/2，然后将它们绑成 1 个可供支撑的框架。为了防止植物生长得过于密集，可将所有不需要的枝条剪去。夏季，清除所有生长过于密集和交叉的枝条，并剪掉接近地面的所有光秃的老枝，为新枝腾出生长空间。

补救修剪

随着树龄的增长，猕猴桃属植物的新老枝条通常会缠绕成一团，枝条间过于密集往往会导致植物生长出大量劣质、脆弱的枝芽，通过重度修剪可以改善此问题。春季，将植物修剪成由三四根主枝组成的框架，每根主枝长约 1m。修剪 6~8 周后，去除所有细弱的枝条，留下最多 6 根最强壮、最健康的枝条以形成新的框架。

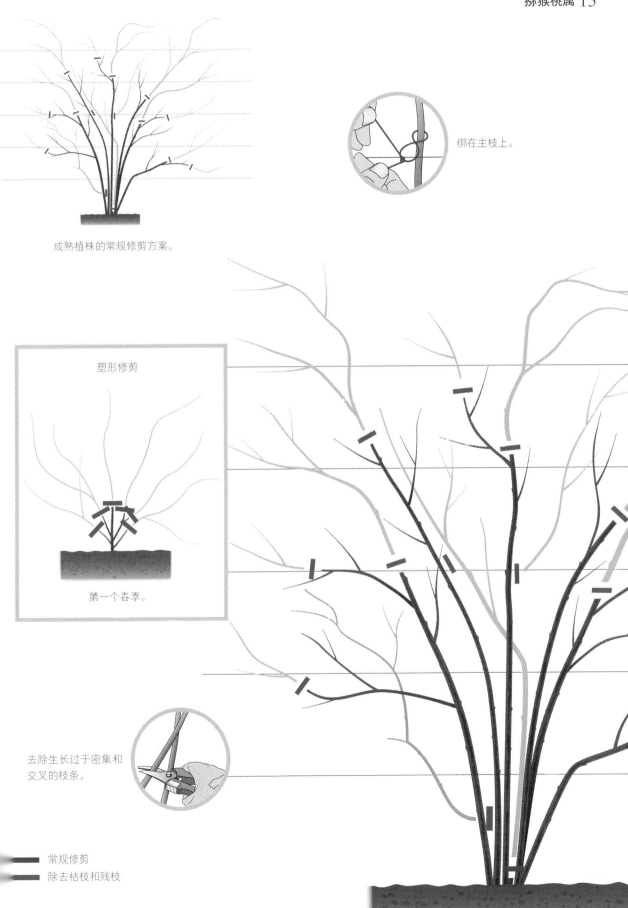

成熟植株的常规修剪方案。

绑在主枝上。

塑形修剪

第一个春季。

去除生长过于密集和
交叉的枝条。

常规修剪

除去枯枝和残枝

唐棣属

Amelanchier

仲春时节，叶片正开始舒展的成熟唐棣属植物开满白花，如同盛放的泡沫，令人惊艳。

修剪目的
促进植物新枝生长，增加开花数量

修剪建议
经常轻度修剪，可以避免长出过多的不定芽

修剪季节
晚春

相同修剪方式的植物
- 东亚唐棣：晚春，花后修剪
- 树唐棣：晚春，花后修剪
- 加拿大唐棣：晚春，花后修剪
- 平滑唐棣：晚春，花后修剪
- 拉马克唐棣：晚春，花后修剪

常用工具
- 手剪
- 长柄修枝剪
- 修枝锯

塑形修剪

修剪幼小的唐棣属植株，促使其从地面处长出强壮的枝条，从而生长得更加茂盛。种植后，剪掉所有细弱和受损的枝条。将生命力较弱的枝条剪至剩一两个芽，促使植物成熟时从基部长出新枝。

常规修剪

唐棣属植物通常作为大型的多枝灌木种植，它们一般从基部或从枝条下端长出新枝。去除所有生长过于密集的枝条，以促进新枝生长，并为其提供生长空间。开花后，梳理较老的枝干上的密集枝条，并将它们剪至健康的芽处或剪至地面。去除所有细弱的枝条，以免枝条过于密集。或者，可以通过去除树干周围长出的不定芽，将某些品种培育为乔木。

补救修剪

多年不修剪的唐棣属植物会长出大量的细弱枝条，形成相互缠绕、过度密集的枝丛。春季，将所有枝条剪至离地面 7~25cm。夏季，将细弱的枝条剪短约 2/3，以防止枝条过于密集。

成熟植株的常规修剪方案。

去除生长过于密集
和交叉的枝条。

塑形修剪

种植后。

去除老枝。

常规修剪
除去枯枝和残枝

青木

Aucuba japonica

斑点品种的青木有着帅气、光滑的叶片和整齐浑圆的株型，可以将很少有其他植物生长的阴暗角落点亮。

修剪目的

保持匀称、圆润的株型，防止植物基部变得光秃和分散

修剪建议

在霜冻危险过去后的春季进行修剪，以减少后期霜冻损害新枝芽的几率

修剪季节

仲春

相同修剪方式的植物

• 青木：仲春，浆果掉落后修剪
• 瑞香：晚春，花谢之后修剪
• 灯笼树：仲春，花谢之后修剪
• 茵芋：仲春，浆果掉落后修剪

常用工具

• 手剪
• 长柄修枝剪

塑形修剪

修剪幼小的青木植株，促使其从离地面 15~20cm 处长出强壮的枝条，从而生长得更加茂盛。种植后，剪掉所有细弱和受损的枝条，并将剩余的枝条剪短约 1/3，以促使植物成熟时从基部长出新枝。

常规修剪

春季，当色彩鲜艳的浆果停止生长且霜冻的风险过后，要对青木进行轻度修剪。修剪时，应剪掉所有生长过于茂盛的枝条，使植物保留匀称的株型和健康、有光泽的枝叶。去除所有在杂色植物上生长的全绿枝条，以防止它们恢复成母本的全绿特征。剪掉所有有霜冻和枯梢迹象的枝条，使其恢复健康生长。

补救修剪

青木容易长出光秃的长枝，只在枝条末端，靠近枝干处有一些叶片。它们的基部通常是光秃秃的，露出暗绿色的枝干。种植后的第一年，要剪掉主枝的约 1/2，使其离地面 15~20cm，并将所有细弱的枝条剪至地面。第二年，将剩余的老枝剪至离地面 15~20cm，并去除由于上一年的修剪而出现的所有细长、纤弱的枝条。

去除枯死和受损的枝条。

成熟植株的常规修剪方案。

去除生长过于粗壮的枝条。

— 常规修剪
— 除去枯枝和残枝

小檗属（落叶品种）

Berberis

落叶品种的小檗属植物是观赏价值很高的灌木，即使在不良的环境中，也能长出质量很高的叶片、花朵和浆果。

修剪目的
确保植物每年从地面处可以长出新枝

修剪建议
夏季去除枯枝，以获得更好的观赏体验

修剪季节
初夏

相同修剪方式的植物
- 紫叶小檗：初夏，一开花立即修剪
- 变红小檗：初夏，一开花立即修剪
- 日本小檗：初夏，一开花立即修剪
- 金花小檗：初夏，一开花立即修剪

常用工具
- 手剪
- 长柄修枝剪
- 皮手套

塑形修剪

修剪落叶品种的小檗属植株幼苗，促使其从地面处长出强壮的枝条，从而生长得更加茂盛。种植后，剪掉所有细弱和受损的枝条，并轻轻地将剩余的枝条掐至其长度的约 2/3，以便植物从基部长出新枝。

常规修剪

如果要开花良好，落叶品种的小檗属植物需要每年定期修剪，以去除一部分老枝，并培育出新的开花枝。另外，如果植物上有紫色或斑驳的叶片，应适当修剪，以促使具有更吸引人的颜色的新枝替代老枝。初夏开花后，应立即将老的开花枝剪至 1 对强壮的芽处，这样可以消除果实，防止鸟类肆意散布这些果实种子，并且第二年可以在最长的生长时期内开花。在成熟的灌木上，每年可去除 1/5~1/4 的老枝，以便于阳光照射进来，并为新枝的生长腾出空间。

补救修剪

落叶品种的小檗属植物容易长出乱蓬蓬的枝条，这些枝条经常因缺失光照而死亡，导致脱落。落叶品种的小檗属植物对重度修剪的反应良好，初夏，去除所有枯死和细弱的枝条，并将所有健康的枝条修剪至离地面约 30cm。

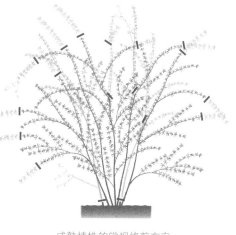

成熟植株的常规修剪方案。

剪至 1 对健康的芽处。

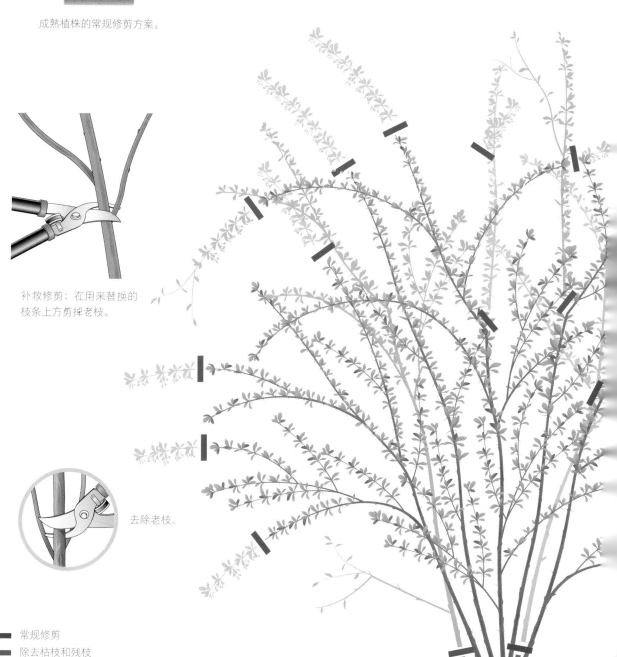

补救修剪：在用来替换的
枝条上方剪掉老枝。

去除老枝。

—— 常规修剪
—— 除去枯枝和残枝

小檗属（常绿品种）

Berberis

常绿品种的小檗属植物是实用的灌木，全年都能为花园提供美丽的枝叶、花和果实。

修剪目的

确保植物每年可以从地面处长出新枝

修剪建议

夏季去除枯枝，以获得更好的观赏体验

修剪季节

初夏

相同修剪方式的植物

• 刺檗：夏季，花后修剪

• 达尔文小檗：夏季，花后修剪

• 豪猪刺：夏季，花后修剪

• 线叶小檗：夏季，花后修剪

常用工具

• 手剪

• 长柄修枝剪

• 皮手套

塑形修剪

修剪常绿品种的小檗属植株幼苗，促使其从地面处长出强壮的枝条，从而生长得更加茂盛。种植后，剪掉所有细弱和受损的枝条，并在生长一年后，去除所有老枝，只保留生长茂盛的新枝。

常规修剪

常绿品种的小檗属植物每年需要定期进行修剪，否则杂乱的老枝会使它们的中心部位逐渐变得拥挤，通过修剪还可以促进新的开花枝生长。开花后或初夏时，需要立即将老的开花枝剪至 1 对强壮的芽处。这样做虽然会"牺牲"浆果，但会在第二年最大限度地延长花朵的观赏期。在植物成熟时，每年可去除1/5~1/4的老枝，以便使阳光照射进来，并为新枝的生长腾出空间。

补救修剪

常绿品种的小檗属植物容易形成乱蓬蓬的枝条，内部枝条上的叶片经常脱落，并且会因缺乏光照而死亡。在这种情况下，仅靠近外层的枝条能够照常生长。常绿品种的小檗属植物对重度修剪的反应良好。初夏，去除所有枯死和细弱的枝条，并将所有健康的枝条剪至离地面约 30cm。

成熟植株的常规修剪方案。

剪至 1 对健康的芽处。

去除老枝。

■ 常规修剪

■ 除去枯枝和残枝

叶子花属
Bougainvillea

叶子花属植物的花朵色彩鲜艳，其数量之多几乎遮盖了枝叶，从夏季至秋季一直花开不断。

修剪目的

促进植物的新枝替代老枝，以及定期开花

修剪建议

处理枝条时要抓住其顶部，因为枝条上长有倒刺

修剪季节

早春

相同修剪方式的植物

• 巴特叶子花：早春，花苞片褪去之后修剪
• 光叶子花：早春，花苞片褪去之后修剪
• 三角梅：夏末，花苞片褪去之后修剪

常用工具

• 手剪
• 长柄修枝剪
• 皮手套

塑形修剪

修剪幼小的叶子花属植株，促使它们从基部长出强壮的枝条，形成较好的株型框架。种植后的第一个春季，剪掉所有细弱和受损的枝条，然后将所有强壮、健康的枝条剪至离地面约30cm。随着新枝生长，将其中最强壮的部分绑在支撑物上。

常规修剪

用叶子花属植物强壮、健康的枝条打造株型框架，促进开花枝生长。另外，修剪成熟植株时，要使其维持在规定的生长区域内。将主枝的长度剪至原始长度的约2/3，并将它们绑在框架的合适位置。为了防止枝条生长过于密集，应剪掉所有不需要的枝条，并将所有侧枝剪至靠近主干的两三个芽内，这些芽将成长为当季的花和苞片。

补救修剪

叶子花属植物需要定期进行修剪，否则它的新老枝条会缠绕在一起，从而生长得过于密集，导致病虫害的发生。春季，通常使用手剪，或者当树枝非常粗时，使用长柄修枝剪将植物剪成由三四根主枝组成的框架，每个主枝约1m长，以促进新枝发育。剪下主枝6~8周后，去除所有细弱的枝条，留下最多6根强壮健康的枝条用于开花，去除三四根最老的枝条，然后将新枝培育到指定位置。

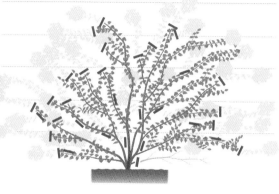

成熟植株的常规修剪方案。

去除生长过于密集和交叉的枝条。

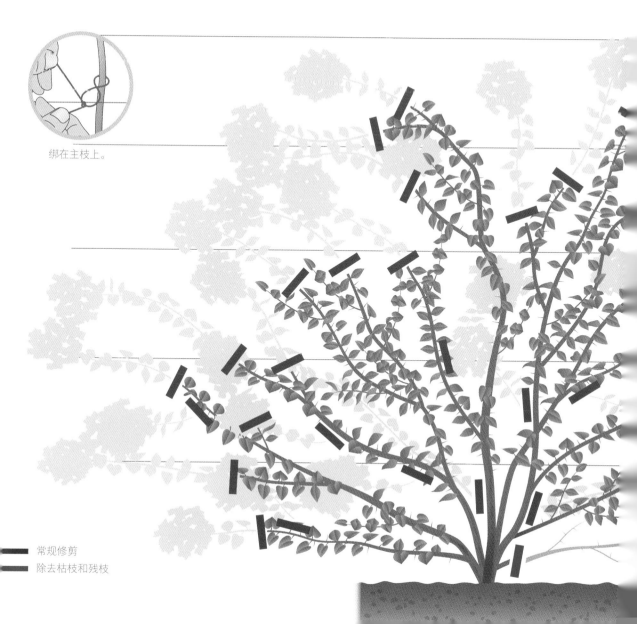

绑在主枝上。

常规修剪

除去枯枝和残枝

大叶醉鱼草
Buddleja davidii

这种结实、可靠和艳丽的大叶醉鱼草很受园艺新手的青睐，因为很少有植物比它更容易生长。

修剪目的

促进植物生长强壮，并长出更多更大的迷人花穗

修剪建议

用弧形手剪替代砧式手剪，因为后者容易压碎枝条

修剪季节

早春或仲春

相同修剪方式的植物

- 皱叶醉鱼草：仲春，霜冻风险过去之后修剪
- 紫花醉鱼草：仲春，霜冻风险过去之后修剪
- 球花醉鱼草：冬末，在新芽出现之前修剪

常用工具

- 手剪
- 长柄修枝剪
- 修枝锯

塑形修剪

修剪幼小的大叶醉鱼草植株，促使其强壮的枝条在离地面约30cm处萌生，从而使得其生长茂盛。春季，新枝开始萌芽之际，剪掉所有细弱和受损的枝条，并将剩余的枝条剪至剩三四对芽，以便从植物基部上方约30cm处长出新枝，形成株型框架。

常规修剪

大叶醉鱼草需要每年定期进行修剪，以去除会逐渐积聚并导致植物过于密集的老枝，从而促进新的开花枝生长。春季，将所有老的开花枝剪至剩两三对芽，使其在夏季和秋季可以很好地展示花朵。如果需要去除枝条或枝干，首先应剪掉较老的枝条，如果条件允许，则剪至1对健康的芽的上方。切勿将所有细弱的枝条都剪回生长点，因为它们很容易死于病虫害，而且很难开出好花。

补救修剪

未经修剪，大叶醉鱼草会生长成密集、拥挤的灌木丛。它们会长出许多细弱的弓形枝条，几乎不开花。这种情况下，通常可以通过重度修剪或将植物修剪成原始株型的方式来克服。春季，根据枝条和树干的粗细，使用锯子或长柄修枝剪将植物修剪回其原始株型，以促进生长新枝来替代老枝。修剪后一个月，去除所有细弱的枝条，并留出最多8根健康强壮的枝条，以生长花朵，并为未来几年形成新的株型框架做准备。

成熟植株的常规修剪方案。

春季的补救修剪。

剪至 1 对健康的芽处。

去除老枝。

━━ 常规修剪
━━ 除去枯枝和残枝

紫珠属

Callicarpa

紫珠属植物那又小又圆、色彩艳丽的果实会大量簇生，可以从漫长炎热的夏季一直持续到冬季。

修剪目的
促使植物的新枝替代老枝，并去除被霜冻伤害的枝芽

修剪建议
将遭受霜冻而受损的枝条剪至地面处，枝条会从底部重新抽芽

修剪季节
仲春

相同修剪方式的植物
• 紫珠：早春修剪
• 日本紫珠：仲春修剪
• 红紫珠：仲春修剪

常用工具
• 手剪
• 修枝锯

塑形修剪

修剪幼小的紫珠属植株，促使其从地面处长出强壮的枝条，从而生长得更加茂盛。春季，新枝开始生长之时，剪掉所有细弱和受损的枝条，然后将剩余的枝条剪至剩三四个芽。

常规修剪

如果对开出的花有更高的要求，就需要每年对紫珠属植物进行定期修剪，以去除老枝，促进新的开花枝生长。霜冻风险过后的仲春时节，将最老的枝条剪至地面处。每年应选择 1/5~1/4 的老枝或受损、折断的枝条进行修剪，并将上一年的开花枝剪掉至少 1/2，至 1 个健康的芽或 1 根合适位置的侧枝的上方。

补救修剪

紫珠属植物会随着株龄的增长而变密集，长出的花朵和果实也越来越少，并且更加容易受到病虫害的侵害，尤其忽略修剪的话，会表现得更加明显。春季，只留三四根强壮的枝条，然后将剩余的枝条剪至离地面 5~7cm，以促进新枝替代老枝。第二年，彻底去除所有细弱的枝条，并在剩余的枝条中，剪掉靠近地面的三四根老枝。

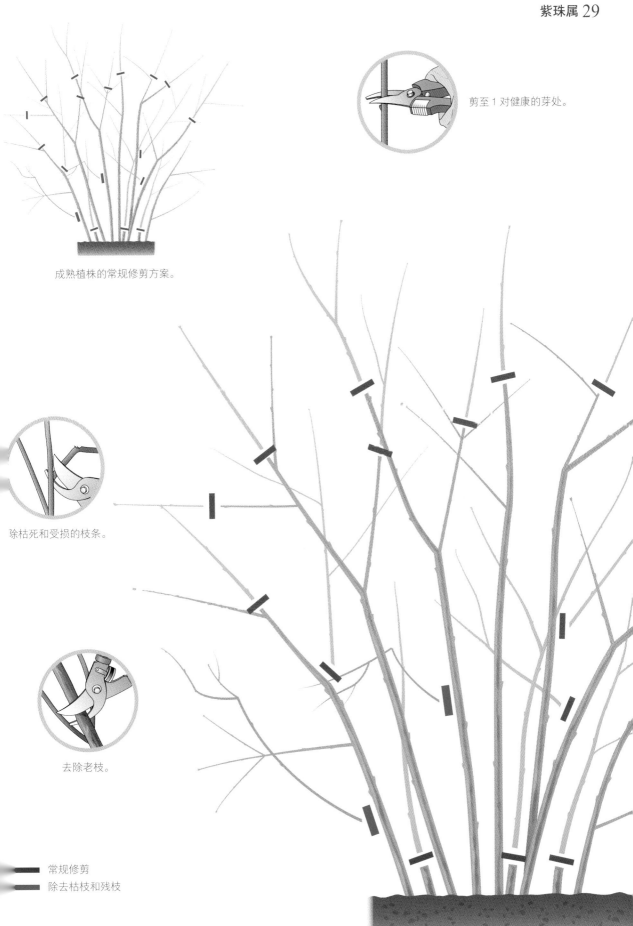

剪至 1 对健康的芽处。

成熟植株的常规修剪方案。

徐枯死和受损的枝条。

去除老枝。

常规修剪

除去枯枝和残枝

红千层属

Callistemon

红千层属植物的花朵绽放时景象奇妙无比，特别是当枝条在风中摇曳时，看上去就像火焰一般。

修剪目的
防止植物变得杂乱不齐

修剪建议
修剪时将枝条剪至1个强壮、健康的芽的上方

修剪季节
夏末

相同修剪方式的植物
• 美花红千层：夏末，花后修剪
• 红千层：夏末，花后修剪

常用工具
• 手剪
• 长柄修枝剪

塑形修剪

修剪幼小的红千层属植株，以促使其生长茂盛，从植物的基部长出强壮的新枝。种植后，剪掉所有细弱和受损的枝条，并将剩余的嫩枝掐至其原始长度的2/3左右，以促进植物成长时从基部长出新枝。

常规修剪

红千层属植物不需要每年定期修剪即可开花良好。修剪的目的是避免长出大量光秃而散乱的枝条，并促进新的开花枝的生长。开花后，立即将老的开花枝剪至1个健康的芽处，可以让枝条生长得更好，并在下一年能够花开似锦。

补救修剪

放任红千层属植物自由生长会产生长而散乱的枝条，看起来散乱不整齐，尤其是在缺少修剪的情况下。可以通过重度修剪来补救，该修剪工作必须在2~3年内分阶段完成，而不是直接将植物完全砍至地面。每年开花后去除一两根主枝，并将剩余的枝条剪至离地面5~7cm，以促进新枝代替老枝。

成熟植株的常规修剪方案。

剪至 1 个健康的芽处。

去除纤细、杂乱的新枝。

━━ 常规修剪
━━ 除去枯枝和残枝

帚石南属

Calluna

帚石南属植物是坚硬、紧凑的常绿灌木，品种丰富，有大量的枝叶和花朵颜色可供选择，全年都能给花园带来趣味。

修剪目的

促进植物的花芽生长，保持植株造型整齐

修剪建议

在花后气候温和时进行修剪

修剪季节

冬末或早春

相同修剪方式的植物

• 帚石南：冬末或早春，花后修剪
• 欧石南：仲春，开花之后但发新芽之前修剪
• 苏格兰欧石南：冬末或早春，花后修剪
• 杂交欧石南：仲春，开花之后但发新芽之前修剪

常用工具

• 手剪
• 手动大剪刀

塑形修剪

修剪幼小的帚石南属植株，促使其从地面处长出大量枝条，从而生长得更加茂盛。种植后，剪掉所有细弱和受损的枝条，并将剩余的枝条剪至其原始长度的约 1/3。

常规修剪

应尽可能防止帚石南属植物生长得过于散乱，以及在中心部位横向生长。冬末或早春，将所有老的开花枝剪至枯花的正下方，并用修枝剪剪掉所有长而杂乱的枝条，促使它们分枝。

补救修剪

帚石南属植物的中心部位经常是裸露的。它们虽对重度修剪反应较好，但依然建议直接去除并替换老的、杂乱的植株，并将其挖出来处理掉。

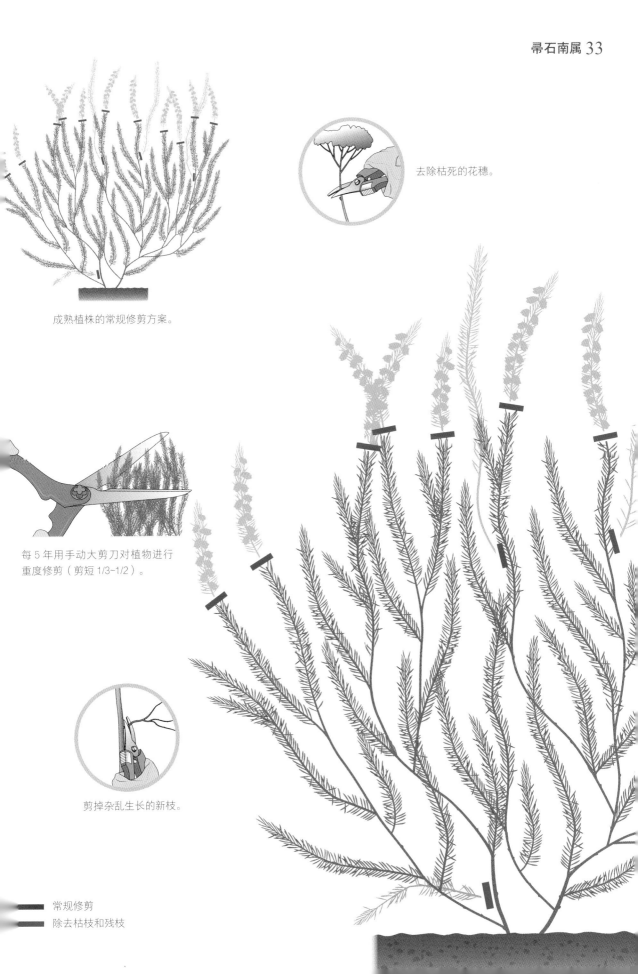

成熟植株的常规修剪方案。

去除枯死的花穗。

每 5 年用手动大剪刀对植物进行重度修剪（剪短 1/3~1/2）。

剪掉杂乱生长的新枝。

常规修剪
除去枯枝和残枝

山茶属

Camellia

冬末和早春时节，美丽盛开的山茶属植物是温暖天气到来的征兆。

修剪目的
促进植物生长健康、茂盛，自由开花

修剪建议
花开之后，在山茶主要生长期之前迅速修剪

修剪季节
仲春

相同修剪方式的植物
- 山茶：春季，花后修剪
- 滇山茶：春季，花后修剪
- 茶梅：春季，发芽之前修剪
- 杂交威廉姆斯山茶：春季，花后修剪

常用工具
- 手剪
- 长柄修枝剪
- 修枝锯

塑形修剪

修剪幼小的山茶属植株，促使其从靠近地面处长出大量枝条，形成茂密、结构良好的灌木丛。春季，将所有细弱的枝条剪至剩两三个芽，并将所有散乱的枝条剪短约 1/3。

常规修剪

山茶属植物对修剪的需求不高，甚至根本不需要修剪，依然可以很好地生长很多年。但是，如果你在开花后立即修剪上一季生长的枝条，那么很有可能会收获一株浓密的自然开花的山茶，这也是防止枝条太过光秃和细长的好方法。春季花谢后，需要立即将开花枝剪至靠近老枝的 3~5 个芽内，以促使植物在第二年发育较多短的花枝。夏季，将所有生长过于茂盛的枝条剪短约 1/3，以防止植物株型变得不平衡。

补救修剪

随着株龄的增长，山茶属植物的基部通常会变得光秃而细长。其对补救修剪的反应很好，但是应该分 2 年进行，不要在一开始就砍掉植物。开花后的春季，将最粗的树枝剪至离地面约 60cm。第二年，需要将所有剩余的老枝剪成相同的高度。如有必要，应梳理新枝，以防止枝条生长过于密集。

成熟植株的常规修剪方案。

开花之后，剪短老枝。

剪短过于粗壮的枝条。

常规修剪
除去枯枝和残枝

美洲茶属（落叶品种）

Ceanothus

蓝色的美洲茶属植物是夏季花园里的绝妙风景，还有一些罕见的粉花美洲茶，花量也十分繁茂。

修剪目的
促使植物的新枝和花朵生长发育良好

修剪建议
修剪工具要锋利，这样修剪枝条时切口才会整齐，而不会压毁、撕裂枝条，导致组织死亡

修剪季节
早春或仲春

相同修剪方式的植物
- 美洲茶'凡尔赛荣耀'：早春，发芽之前修剪
- 粉花美洲茶：早春，发芽之前修剪

常用工具
- 手剪
- 长柄修枝剪
- 修枝锯

塑形修剪

修剪落叶品种的美洲茶属植株幼苗，促使其从地面处长出强壮的枝条，从而生长得更加茂盛。种植后，剪掉所有细弱和受损的枝条，然后将所有强壮、健康的枝条剪到其原始长度的约 1/3。第二年春季，将所有主枝剪至其原始长度的约 1/3，并将所有侧枝剪短至离主枝约 15cm。

常规修剪

成熟的落叶品种的美洲茶属植物通常会生长得很大、开阔且散乱。为避免这种情况发生，应在它们生长到 1~1.2m 高时，每年修剪一次。此外，应及时去除所有弱枝，因为过多的弱枝会导致美洲茶生长得过于密集。春季，在新的枝条开始生长之前，将所有枝条剪至剩三四个芽，并去除植物中心部位的所有枯死枝条。

补救修剪

如果不修剪，落叶品种的美洲茶属植物将变成横向生长、蔓延的灌木，此时会有大量的分叉和折断的枝条。通过将枝条剪至离地面约 30cm 这样的重度修剪可以解决这一问题。春季，将美洲茶回剪成原来的株型，以促进新枝的生长，根据枝干的粗细，酌情使用修枝锯或长柄修枝剪。

成熟植株的常规修剪方案。

去除枯死和受损的枝条。

去除细弱枝条。

常规修剪
除去枯枝和残枝

美洲茶属（常绿品种）

Ceanothus

常绿品种的美洲茶属植物是少见的开蓝花灌木，常绿的叶片和美丽的花朵使其备受喜爱。

修剪目的
促使植物的新芽和花朵生长发育良好

修剪建议
不用修剪光秃秃的老枝，因为它们很少生长出新芽

修剪季节
早春或仲夏

相同修剪方式的植物
- 乔木美洲茶：仲夏，花后修剪
- 加州美洲茶：仲夏，花后修剪
- 聚花美洲茶：仲夏，花后修剪
- 美洲茶板：早春，发芽前修剪

常用工具
- 手剪
- 长柄修枝剪
- 修枝锯

塑形修剪

修剪常绿品种的美洲茶属植株幼苗，促使其从地面处长出强壮的枝条，从而生长得更加茂盛。种植后的第一个春季，剪掉所有细弱和受损的枝条，掐掉主枝的顶端，并去除其他枝条的约 1/3。

常规修剪

为了防止常绿品种的美洲茶属植物生长得过于茂密和拥挤，保障它们按规律开花，需要定期对其进行修剪。如果植物长得太茂盛，它们通常会因根部受损而倒下。春季或初夏开花的植物应在仲夏进行修剪，通过将枝条剪短约 1/3，来缩短它们的开花枝。仲夏和秋季开花的植物应在春季进行修剪，此时应剪短所有开花枝约 1/3。

补救修剪

常绿品种的美洲茶属植物的基部有时会变得光秃秃的，但由于它们对重度修剪的反应不佳，因此，相比通过修剪来补救，更换它们更为容易。注意在更换时，一定要完全换掉种植坑中的土壤。

成熟植株的常规修剪方案。

修剪过于粗壮的枝条。

去除老枝。

━━ 常规修剪
━━ 除去枯枝和残枝

紫荆属

Cercis

紫荆属植物在春季长出叶片之前，会在光秃的树枝上，甚至主干上，开出艳丽的小花，等到秋季花落前，叶片会变成一种漂亮的奶油黄色。

修剪目的

去除受损和生长过于密集的新枝，形成强壮的株型框架

修剪建议

新枝开始发芽之前修剪

修剪季节

初夏

相同修剪方式的植物

• 加拿大紫荆：初夏，花后修剪
• 南欧紫荆：初夏，花后修剪

常用工具

• 手剪
• 长柄修枝剪
• 修枝锯

塑形修剪

修剪幼小的紫荆属植株，以促使它们生长得茂盛，并在地面上方 0.6~1m 处长出强壮的枝条。种植后，剪掉所有受损的枝条，将主枝剪至离地面约 1m，以促进新枝的生长，形成多枝的株型框架。

常规修剪

紫荆属植物通常是作为小乔木或多枝的灌木而种植的，通过修剪以去除生长过度密集和损坏的枝条，以及在树枝下垂时提高树冠。开花后，将所有折断、受霜冻损伤和互相摩擦的枝条剪至 1 个健康的芽处，并去除所有细弱的枝条，避免生长过于密集。

补救修剪

紫荆属植物的枝条通常与主干形成比较尖锐的角度，这样它们可以抵抗强风，而且，这些植物对重度修剪的反应良好。春末或初夏，根据树干和枝条的粗细，用锯子或长柄修枝剪将植物剪出高于地面 0.6~1m 的枝条框架，以促进新枝的生长。修剪植物 6~8 周后，去除所有细弱的枝条，留下最多 6 根最强壮、最健康的枝条。

去除细弱枝条。

成熟植株的常规修剪方案。

去除生长过于密集和交叉的枝条。

在开始发芽之前寻找并去除死枝。

常规修剪

除去枯枝和残枝

木瓜海棠属

Chaenomeles

木瓜海棠属植物是很受欢迎的早花灌木之一，也是很好的孤植灌木、灌木墙和开花绿篱。

修剪目的
促进植物长出新的开花枝以替代老枝

修剪建议
如果想把果实用作展示，可以隔年进行修剪

修剪季节
晚春或初夏

相同修剪方式的植物
· 加州木瓜：花后修剪
· 毛叶木瓜：花后修剪
· 日本木瓜：花后修剪
· 皱皮木瓜：花后修剪
· 华丽木瓜：花后修剪

常用工具
· 手剪
· 长柄修枝剪
· 修枝锯
· 皮手套

塑形修剪

木瓜海棠属植物可以作为孤植灌木或灌木墙而种植，它们会刚好从地面处冒出强壮的枝条。种植后的第一个春季，随着新枝开始生长，剪掉所有细弱和受损的枝条，并将剩余枝条剪短约 1/3。

常规修剪

木瓜海棠属植物几乎不需要修剪也可以生长得很好，但是它们的枝条会长得越来越密集，导致花朵也越来越小、越来越少，同时还易生病。定期修剪会促进植物新陈代谢、开花结果，并改善枝条内的空气流通。开花后，春末或初夏时，去除所有交叉的枝条，并对密集的枝条进行梳理。每年剪掉一两根最老的枝条，以便为替换的新枝腾出生长空间。将所有侧枝剪至剩三四片叶子，以促进来年的开花枝生长。在灌木墙上，修剪后将新的枝条绑在一起，形成扇形株型，枝条之间留出 15~20cm 的空间。

补救修剪

当木瓜海棠属植物变得拥挤时，其内部的枝条通常会落叶并因缺乏光照而死亡，仅靠外部的，能受到光照部分的枝条才能照常生长。这些植物对重度修剪的反应良好，但应在两到三年内分阶段进行。将约 1/3 的枝条剪至离地面约 15cm，并在接下来的 2~3 年中重复此过程，直到老枝被完全移除和替换。

成熟植株的常规修剪方案。

去除生长过于密集和交叉的枝条。

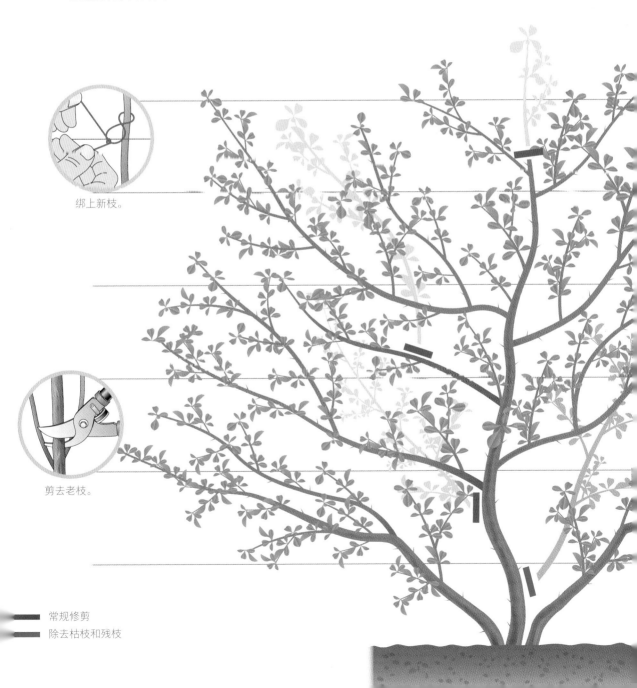

绑上新枝。

剪去老枝。

常规修剪

除去枯枝和残枝

墨西哥橘属

Choisya

墨西哥橘属植物是流行的常绿灌木，其叶片和一年两次绽放的花朵都有芳香，将植物种植在靠近小路的窗边即可。

修剪目的
保持植物生长发育良好，促进植株发芽与开花

修剪建议
晚春时修剪，以防新芽被霜冻重伤

修剪季节
晚春

相同修剪方式的植物
• 亚利桑那墨西哥橘：晚春，花后修剪
• 墨西哥橘：晚春，花后修剪

常用工具
• 手剪
• 长柄修枝剪

塑形修剪

修剪幼小的墨西哥橘属植株，促使其从离地面15~20cm处长出强壮的枝条，从而生长得更加茂盛。种植后，剪掉所有细弱和受损的枝条，然后将剩余的枝条剪短约1/3，以促进植物从基部长出新枝。

常规修剪

墨西哥橘属植物需要在春季开花后或经历严重的霜冻危险后立即进行修剪，以促进植物发育并保持形状平衡，从而促成第二次开花。剪掉所有生长过于茂盛的枝芽，以帮助植物保持其自然形态，然后将老的开花枝剪为20~30cm，最后剪掉所有被霜冻损坏和有枯萎迹象的枝条。

补救修剪

墨西哥橘属植物虽然经常在基部长出光秃的枝条，以及很多杂乱的横向分枝，但它们对补救修剪的反应良好。春季，将所有主枝剪至离地面15~20cm，并将所有细弱的枝条剪至地面处。第二年，去除由于上1年的修剪而出现的所有细长枝条。

成熟植株的常规修剪方案。

去除过粗的枝条。

去除枯死和受损的枝条。

常规修剪

除去枯枝和残枝

铁线莲属（早花组）

Clematis

如果你仔细选择，可以做到全年的每个月，甚至是深冬，都能在你的花园里看到开花的早花组铁线莲属植物。

修剪目的
限制植物的生长高度，促使其形成横向分枝的株型

修剪建议
花开后尽快修剪，避免失去下一年的花朵。除去老枝时可使用锯子，因为长柄修枝剪可能会压碎枝条

修剪季节
晚春或初夏

相同修剪方式的植物
- 小木通：晚春或初夏，花后修剪
- 高山铁线莲：晚春或初夏，花后修剪
- 长瓣铁线莲：晚春或初夏，花后修剪
- 圆锥铁线莲：早春，开花之前修剪
- 绣球藤：仲春，开花之前修剪

常用工具
- 手剪
- 修枝锯

塑形修剪

修剪幼小的早花组铁线莲属植株，促使其从地面处长出强壮的枝条，从而生长得更加茂盛。种植后的第一个春季，剪掉所有细弱和受损的枝条，然后将所有强壮、健康的枝条剪至离地面约 30cm。接下来的春季，将所有枝条剪至离地面约 1m。

常规修剪

早花组铁线莲属植物的生长表现都是相当不错的，无须定期修剪。但为了获得最佳生长效果，应该每年对其进行修剪，以保持株型整齐以及新老枝条的良好平衡。初夏，开花后立即将老的开花枝剪至 1 对强壮的芽处，尤其是在其长得茂密和拥挤，或者植物已超出其规定的生长空间后。

补救修剪

早花组铁线莲属植物随着株龄的增长会变得浓密和拥挤，几乎不开花，这可以通过重度修剪来解决，尽管可能会减少下一季的花量。早春后，应剪掉所有枯死和受损的枝条，并将剩余的枝条剪至离地面 5~7cm，以促进新陈代谢。第二年，应完全去除所有细弱的枝条，并剪掉靠近地面的三四根剩余的老枝。

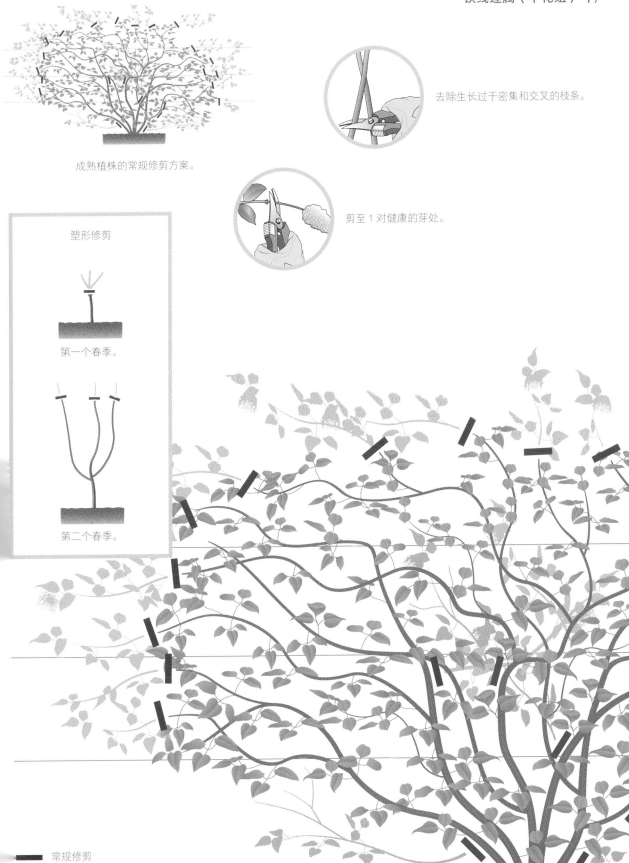

成熟植株的常规修剪方案。

去除生长过于密集和交叉的枝条。

剪至 1 对健康的芽处。

塑形修剪

第一个春季。

第二个春季。

常规修剪

除去枯枝和残枝

铁线莲属（中花组）
Clematis

　　中花组铁线莲的杂交种花朵大，花量多，其装饰性的大花可以覆盖篱笆、墙壁或其他多种结构，从而助其赢得"攀缘植物皇后"的美称。

修剪目的
促使植物长出新芽，延长花期

修剪建议
- 在新芽形成前开始修剪
- 去除老枝时可使用长柄修枝剪

修剪季节
冬末或早春

相同修剪方式的植物
- 铁线莲'普鲁吐斯'：早春，当芽萌出时修剪
- 铁线莲'繁星'：早春，当芽萌出时修剪
- 铁线莲'薇安'：早春，当芽萌出时修剪
- 铁线莲'H.F杨'：早春，当芽萌出时修剪

常用工具
- 手剪
- 修枝锯
- 刀

塑形修剪

　　修剪幼小的中花组铁线莲属植株，促使其形成多枝结构，并从地面处长出强壮的枝条。种植后的第一个春季，剪掉所有细弱和受损的枝条，而后将所有强壮、健康的枝条剪至离地面约30cm。第二年春季，将所有枝条剪至离地面约1m。

常规修剪

　　中花组铁线莲属植物无须进行定期修剪即可生长发育良好，但如果完全不修剪，它们往往也会长出很多小的、发育不良的花朵。为了获得最佳生长效果，应每年修剪它们，以保持株型整洁和新老枝条的平衡。冬末或早春，去除所有枯死和细弱的枝条，并将剩余的枝条剪短15~25cm，至剩1对强壮、健康的芽处。然后将部分剩余的芽从顶端剪掉约45cm，这可以稍微延缓它们的生长，使它们往后会开花，从而延长了开花期。修剪完成后，应捆绑固定所有剩余的枝条。

补救修剪

　　中花组铁线莲属植物随着株龄的增长会变得浓密和拥挤，生长出细弱、散乱的枝和少量的花，尤其在忽视修剪的情况下更为明显。通过重度修剪，尽管可能会损伤下一季的花朵，但会改善生长情况。在未修剪的植株上，去除所有老的、损坏的和患病的枝条，并将剩余的枝条剪至1对健康的芽处，离地面约15cm。第二年，应去除所有细弱的枝条，并将剩余的枝条剪短15~25cm，至1对强壮、健康的芽处。

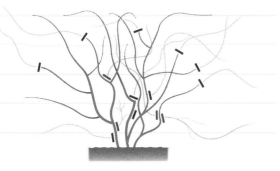

成熟植株的常规修剪方案。

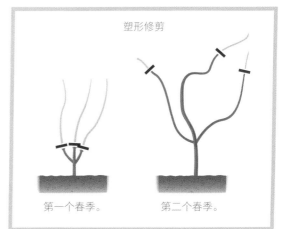

塑形修剪

第一个春季。　　　　第二个春季。

剪至 1 对健康的芽处。

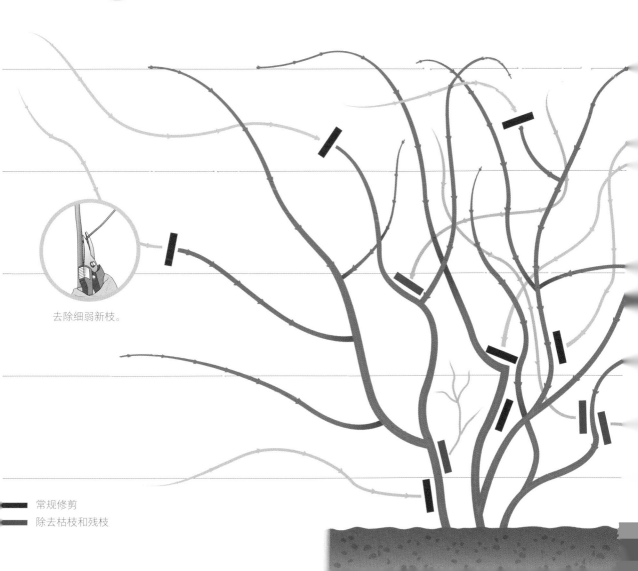

去除细弱新枝。

常规修剪

除去枯枝和残枝

铁线莲属（晚花组）

Clematis

该组铁线莲包括一些大花品种，晚花品种及其相关品种。

修剪目的

限制植物的生长高度，促进其在底部开出更多的花

修剪建议

在新枝形成前开始修剪，避免失去来年的花。通常用长柄修枝剪去除老枝

修剪季节

冬末或早春

相同修剪方式的植物

- 铁线莲'里昂城'：冬末或早春，当芽萌出时修剪
- 铁线莲'杰克曼二世'：冬末或早春，当芽萌出时修剪
- 南欧铁线莲：冬末或早春，当芽萌出时修剪
- 红花铁线莲：冬末或早春，当芽萌出时修剪

常用工具

- 手剪
- 修枝锯

塑形修剪

修剪幼小的晚花组铁线莲属植株，促使其从地面处长出强壮的枝条，从而生长得更加茂盛。种植后的第一个春季，剪掉所有细弱和受损的枝条，并将所有健壮、健康的枝条剪至离地面约30cm。

常规修剪

如果想让晚花组铁线莲属植物开花，需要每年定期进行修剪，以去除原本会逐渐生长的老枝，并促进植物生长出新的开花枝。早春，应彻底清除枯死和损伤的枝条，将老的开花枝剪至1对强壮、健康的芽处，离地面15~20cm，当新枝长约30cm时，应小心将其捆绑固定好。

补救修剪

如果希望晚花组铁线莲属植物生长情况良好，则应每年修剪。如果忽视它们，它们会长成细弱、散乱的枝丛，几乎不开花，同时易受病虫害侵害。如果长期以来忽略了修剪，通常将其全部更换会更容易一些。修剪几年未修剪的植株，将其剪至离地面约15cm的1对健康的芽处。冬末或早春完全去除老的植株，并在种植新的幼苗之前注意更换周围的土壤，同时将枝条剪至离地面5~7cm。

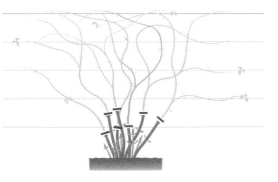

成熟植株的常规修剪方案。

塑形修剪

第一个春季。

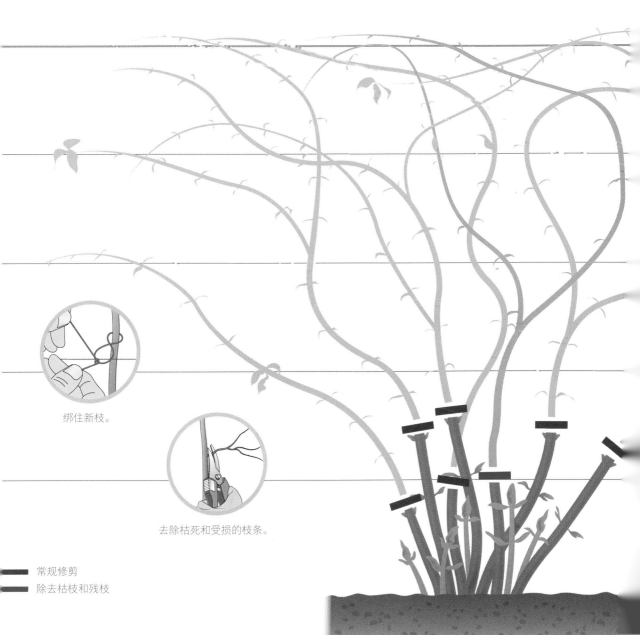

绑住新枝。

去除枯死和受损的枝条。

常规修剪

除去枯枝和残枝

红瑞木
Cornus alba

红瑞木是花园中易种植的灌木品种之一，其枝条、叶子以及花朵可以全年吸引观众的目光。

修剪目的
促进色彩鲜艳的新枝生长

修剪建议
剪至芽点处，以防止顶梢枯死

修剪季节
早春或仲春

相同修剪方式的植物
• 贝蕾红瑞木：早春或仲春修剪
• 欧洲红瑞木：早春或仲春修剪

常用工具
• 手剪
• 长柄修枝剪
• 修枝锯

塑形修剪

修剪红瑞木植株，以形成多枝的株型框架，促使其从地面处长出强壮的枝条。冬季或早春种植后，可以通过重度修剪将植物剪至约 15cm，以促进植物从基部长出新枝。

常规修剪

为了收获最诱人的冬季色彩，需要每年定期给红瑞木进行修剪，以去除较老的枝条，并促进新枝生长。同时，应去除细弱和患病的枝条，在新枝开始生长的早春至仲春，将约 1/3 的枝条尽可能地修剪至靠近老枝框架，留下 2.5~5cm，新芽就会从中生长。当枝条的残桩变得密集时，可以用小修枝锯将其去除。

补救修剪

如果不修剪，红瑞木就会变得过于密集，大量细弱、散乱、色泽差的枝条使植物易受病虫害侵害，需要通过重度修剪来解决这个问题。冬季，尽可能地剪掉所有老枝，使其与原始框架尽可能接近，必要时用锯子，仅保留 2.5~5cm，新芽就会重新生长出来。春末，需要完全去除所有细弱的枝条。

去除细弱枝条。

成熟植株的常规修剪方案。

去除树枝残桩聚集处的枝条。

去除枯死和受损的枝条。

▬ 常规修剪

▬ 除去枯枝和残枝

黄栌属

Cotinus

人们会用"烟雾灌木"这样的俗名来形容黄栌属植物，因其开花时所形成的花簇犹如一团烟雾。

修剪目的

黄栌属植物不需要定期修剪，但可以通过对其进行重度修剪，使叶片达到丰满的效果

修剪建议

定期重度修剪会促使黄栌属植物长出更多大叶片，但这样处理过的植物不会开花

修剪季节

早春

相同修剪方式的植物

• 黄栌：早春，只在有需要的时候修剪
• 美国红栌：早春，只在有需要的时候修剪

常用工具

• 手剪
• 长柄修枝剪
• 修枝锯

塑形修剪

修剪幼小的黄栌属植株，促使其从地面处长出强壮的枝条，从而生长得更加茂盛。春季，新枝开始生长之前，剪掉所有细弱和受损的枝条，并将其余的枝条剪至剩三四个芽。

常规修剪

如果要欣赏开花的场景，那么最好不要过度修剪黄栌属植物，仅剪掉所有过于密集、受损和交叉的枝条，以形成多枝株型，防止其变得过高、参差不齐和难以管理。在新枝开始生长之前的春季，剪掉老的开花枝，和所有细弱、散乱的枝条，因为它们很难开出好花，且常常带有病虫害。另一种培育优质叶片的方法是将整株植物剪至离地面约30cm，这样，叶片会长得更大，观赏效果更好。

补救修剪

黄栌属植物常生长出光秃的长枝条，随着株龄增长而日益外展和细长，补救修剪最好在两年内完成。第一年，应剪掉主枝的约1/2，至离地面15~20cm，并将所有细弱的枝条剪至地面。第二年，将剩余的老枝剪至地面以上15~20cm，然后去除上一年修剪后长出的所有细小的枝条。

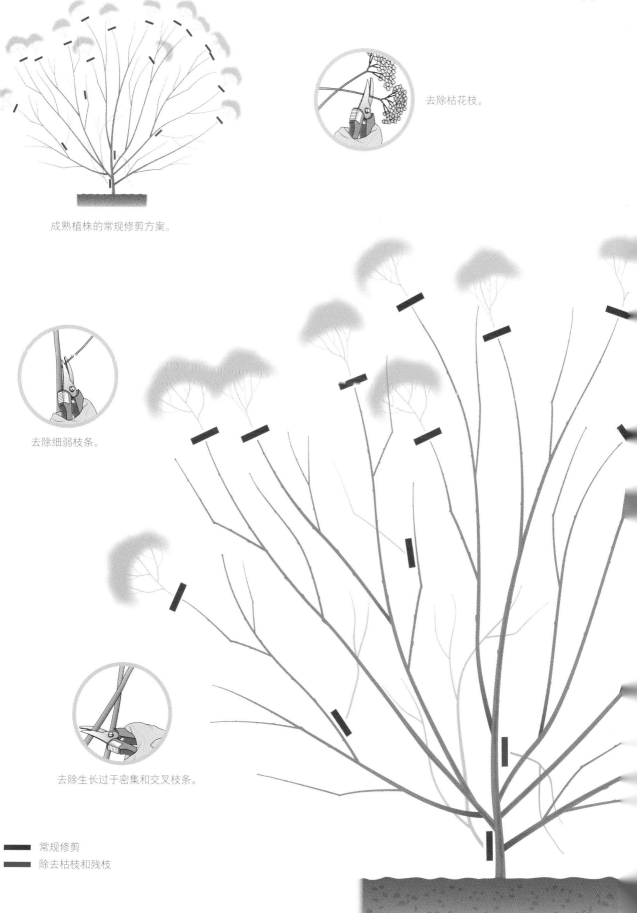

成熟植株的常规修剪方案。

去除枯花枝。

去除细弱枝条。

去除生长过于密集和交叉枝条。

常规修剪

除去枯枝和残枝

枸子属（落叶品种）

Cotoneaster

落叶品种的枸子属植物耐寒、适应性强，可作为花园的骨干植物。同时它在春夏时分会开出美丽的花，而在整个秋季，甚至进入冬季的很长时间都能结出小浆果。

修剪目的
保持植物生长均衡，促进开花结果

修剪建议
在必要时修剪

修剪季节
冬末

相同修剪方式的植物
- 葡匐枸子：冬末，萌芽前修剪
- 细尖枸子：冬末，萌芽前修剪
- 散生枸子：冬末，萌芽前修剪
- 平枝枸子：冬末，萌芽前修剪
- 水枸子：冬末，萌芽前修剪
- 八角枸子：冬末，萌芽前修剪

常用工具
- 手剪
- 长柄修枝剪
- 修枝锯

塑形修剪

修剪幼小的落叶品种的枸子属植株，以促使它们从基部长出约6根分布均匀的强壮枝条，形成较好的株型框架。种植后的第一个春季，去除所有枯死和受损的枝条，并将剩余的枝条剪至离地面15~20cm。随着这些枝条的发育，去除穿过灌木中心部位的所有分枝。

常规修剪

成熟的落叶品种的枸子属植物几乎不需要常规修剪，即使在不进行任何修剪的情况下，仍可持续多年开花结果。唯一有必要的是去除死去和损坏的枝条，以及为防止植物中心过于拥挤而进行的修剪。去除枯死和受损的枝条，剪至1个健康的芽处，并剪掉穿过植物中心部位的所有分枝，然后将老枝和无芽枝剪至离地面5~7cm，用1根新枝替代它们。

补救修剪

落叶品种的枸子属植物的基部通常是光秃、细长的。它们对修剪的反应很好，如果将修剪工作分两年进行，而不是一次性修剪，则效果会更好。冬季，在枝条开始生长之前，将最粗的枝条剪至离地面约60cm。第二年，将剩余的老枝剪成相同的高度，同时，需要梳理新枝，以防止生长过于密集。

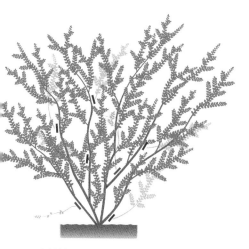

成熟植株的常规修剪方案。

去除生长过于密集和交叉枝条。

用一把锋利的修剪刀尽量贴近主干地削去被撕裂的枝条。

去除枯死和受损的枝条。

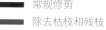

　常规修剪

　除去枯枝和残枝

枸子属（常绿品种）

Cotoneaster

这种耐寒、适应性强的常绿品种的枸子属植物可以作为花园的骨干树种。春夏秀花，秋冬露果。

修剪目的

保持植物横向分枝的状态，以创造一个由强壮的枝条组成的框架

修剪建议

小心火疫病！这是一种严重的细菌性疾病（症状包括新枝死亡、花叶呈焦状等）。如果发现，应立即剪掉并烧掉被感染的枝条

修剪季节

冬季或仲春

相同修剪方式的植物

• 枸子'康奴比雅'：冬季或仲春修剪
• 矮生枸子：冬季或仲春修剪
• 乳白花枸子：冬季或仲春修剪
• 柳叶枸子：冬季或仲春修剪

常用工具

• 手剪
• 长柄修枝剪
• 修枝锯

塑形修剪

修剪幼小的常绿品种的枸子属植株，以促使它们从基部长出约6根分布均匀的强壮枝条，形成较好的株型框架。种植后的第一个春季，去除所有枯死和损坏的枝条，并将剩余的枝条剪至离地面15~20cm。随着这些枝条的发育，剪掉穿过灌木中心部位的所有分枝。

常规修剪

一旦成熟，常绿品种的枸子属植物几乎不需要做常规修剪，即使在没有任何修剪的情况下，仍可持续多年开花结果。有时也可以进行一些必需的修剪，以防止植物的中心部位变得过于拥挤。去除所有枯死和损坏的枝条，剪至1个健康的芽处，并剪掉穿过植物中心部位的所有分枝。蔓生的品种和培育种可能需要每年修剪，使其保持在规定的空间内生长。

补救修剪

随着株龄的增长，常绿品种的枸子属植物的基部通常是光秃而细长的，特别是当它们多年没有进行修剪的情况下。但这些植物通常会对重度修剪的反应良好。冬季，将植物剪出一个高出地面约30cm的枝条框架。随着新枝的生长，将所有细弱的枝条剪至靠近更强壮的枝条处或平整的地面处。

成熟植株的常规修剪方案。

去除枯死和受损的枝条。

去除生长过于密集和交叉的枝条。

常规修剪
除去枯枝和残枝

榕属

Ficus

榕是迷人的常绿植物，有着光滑、轮廓明显的叶片，可以在某个容器内或花园边界处成为出色的样本植物。在寒冷的地区，当其他植物的叶片都掉光的时候，它可以为冬季花园提供色彩。

修剪目的
保持株型，并维持其在规定的空间内生长

修剪建议
注意不要让裸露的皮肤接触到植物的汁液，有些人在炎热潮湿的天气中会因为植物中的化学物质而过敏，甚至可能出现水泡

修剪季节
冬末或早春

相同修剪方式的植物
• 垂叶榕：冬末或早春修剪
• 印度榕：冬末或早春修剪
• 大琴叶榕：冬末或早春修剪
• 澳洲大叶榕：冬末或早春修剪

常用工具
• 手剪
• 长柄修枝剪
• 修枝锯
• 防护手套

塑形修剪

修剪幼小的榕属植株，促使它们生长茂盛、结构合理，形成由 1 个中央主干和许多分枝组成的株型框架。去除主干顶部的 10~15cm，以促进植物在这个位置长出新枝。春季，将所有细弱的长枝剪短约 1/3，然后将所有散乱的长枝剪短约 1/3。

常规修剪

榕属植物可以在少量，甚至没有修剪的情况下多年生长良好，同时，如果在冬末或早春将前一个季节长出的枝条剪短约 1/4，这将促进培育出生长茂盛、平衡且具有良好结构的形态，这也是防止植物太过细长的好方法。春季，将所有过度生长的枝条剪短约 1/3，以防株型变得不平衡。

补救修剪

榕属植物可以被重度修剪，以促进新枝的生长，以及避免疾风的危害。去除所有较小的枝条，并将组成框架的枝条剪短至距离主干约 45cm。

成熟植株的常规修剪方案。

去除枯死和受损的枝条。

修剪过度生长的枝条。

━━ 常规修剪
━━ 除去枯枝和残枝

连翘属

Forsythia

连翘属植物是流行且易于种植的灌木，也是春季的使者，它的花通常开在没有叶片的枝条上。

修剪目的

限制植物的生长高度，促使其形成横向分枝的株型

修剪建议

开花之后尽快开始修剪，避免影响来年开花。修剪老枝时使用锯子，因为长柄修枝剪容易压碎枝条

修剪季节

晚春或初夏

相同修剪方式的植物

- 金钟连翘：晚春或初夏修剪
- 卵叶连翘：晚春或初夏修剪
- 连翘：晚春或初夏修剪
- 细梗溲疏：晚春或初夏修剪
- 溲疏：晚春或初夏修剪

常用工具

- 手剪
- 修枝锯

塑形修剪

修剪幼小的连翘属植株，促使其从地面处长出强壮的枝条，从而生长得更加茂盛。种植后，剪掉所有细弱和受损的枝条，并将剩余的枝条轻轻掐掉约 2/3 的长度，以促进从植物的基部长出新枝。

常规修剪

如果想要开花良好，连翘属植物需要每年定期进行修剪，以去除会逐渐生长的老枝，并促使长出新的开花枝。开花后，需要立即将所有老的开花枝剪短至少 1/2，至 1 个健康的芽或 1 根合适位置的新枝上方。连翘的老花枝应剪短至靠近其基部的 2 个芽内。春末或初夏进行此操作，以创造尽可能长的生长期，使花朵在第二年表现出良好的观赏效果。在成熟的灌木上，每年去除 1/5~1/4 的老枝，以使阳光照射进来，并为新枝的生长腾出空间。

补救修剪

连翘属植物随着株龄的增长会变得茂密和拥挤，而枝条则会变得细弱、散乱，花朵也变少，并易受病虫害的侵害。通过重度修剪可以缓解此种状况，但该修剪必须在 2~3 年内分阶段进行。冬末或早春时，只留下三四根强壮的枝条，将所有其他的枝条剪短至离地面 5~7cm，以促进新陈代谢。到了第二年，应去除所有细弱的枝条，并剪掉剩余的三四根老枝，至接近地面处。

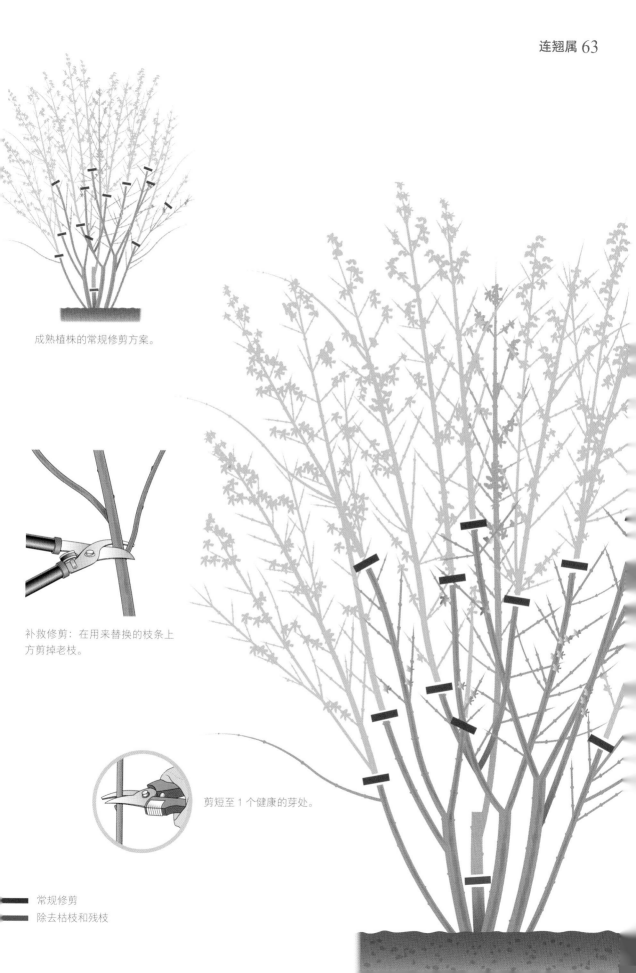

成熟植株的常规修剪方案。

补救修剪：在用来替换的枝条上方剪掉老枝。

剪短至 1 个健康的芽处。

■ 常规修剪
■ 除去枯枝和残枝

绵绒树属

Fremontodendron

在温暖、阳光充足的地区，绵绒树属植物可以长成非常优质的灌木墙。从春末到中秋，它会开出碟形、亮黄色的大花朵。

修剪目的
保持植物生长茂盛，以及用粗壮枝条形成1个框架

修剪建议
戴上手套和面具，因为其枝条和嫩叶上覆有刺激性的茸毛

修剪季节
仲夏

相同修剪方式的植物
· 加州绵绒树：仲夏，花第一次萌芽之后修剪
· 墨西哥绵绒树：仲夏，花第一次萌芽之后修剪

常用工具
· 手剪
· 长柄修枝剪
· 手套
· 面具

塑形修剪

修剪幼小的绵绒树属植株，促使它们生长茂盛、结构合理，形成由1个中央主干和许多分枝组成的株型框架。剪掉主干顶部10~15cm，以促进在这个位置分枝。春季，将所有细弱的枝条剪至剩两三个芽，并将所有杂乱的枝条剪短约1/3。

常规修剪

绵绒树属植物可以在少量，甚至不进行修剪的情况下常年生长良好。但是最好还是在夏季第一轮开花之后，将前一个季节生长的枝条剪短约1/4，因为这样可以收获一株茂盛的自然开花的植物，这也是防止植物太过光秃和细长的好方法。夏季，将开花枝剪至剩3~5个芽，以促进植物生长出许多短的开花枝。并将过度生长的枝条剪短约1/3，以避免植物生长得不平衡。

补救修剪

这些绵绒树属植物的基部可能会变得光秃秃的，它们对重度修剪的反应不佳，所以最好是把老的植物挖出来换掉。

成熟植株的常规修剪方案。

剪短生长过于粗壮的枝条。

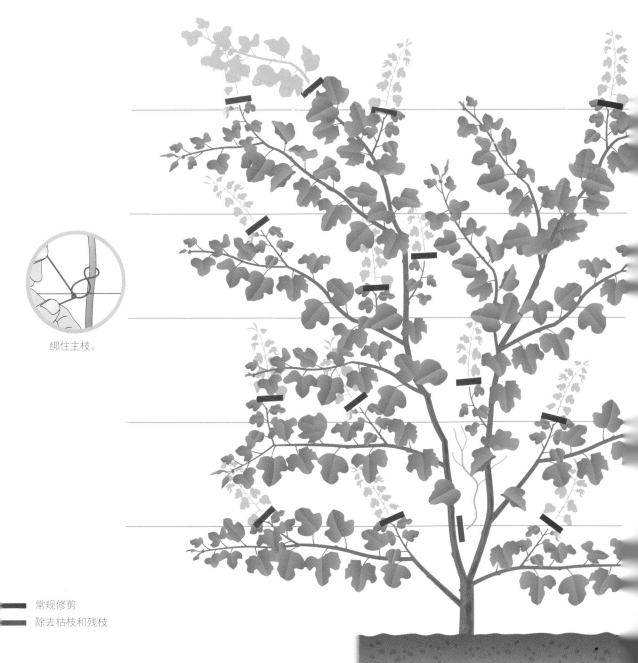

绑住主枝。

━━ 常规修剪
━━ 除去枯枝和残枝

倒挂金钟属

Fuchsia

　　倒挂金钟属植物是在花园中可以种植的可靠的开花灌木之一。它们会从初夏开花，直到霜冻，只要定期浇水，它们在大多数环境中都能生长。

修剪目的

促进植物长出健康的新枝，并定期开花

修剪建议

春季最后一次霜冻过后修剪

修剪季节

早春

相同修剪方式的植物

• 短筒倒挂金钟：早春，刚开始萌芽后修剪

• 倒挂金钟'波普尔夫人'：早春，刚开始萌芽后修剪

• 倒挂金钟：早春，刚开始萌芽后修剪

常用工具

• 手剪

• 长柄修枝剪

塑形修剪

　　修剪幼小的倒挂金钟属植株，促使其从地面处生长出大量强壮的枝条，从而生长得更加茂盛。种植后，剪掉所有细弱和受损的枝条，并将剩余的枝条剪短约2/3，以促进植物从基部长出新枝。

常规修剪

　　定期修剪会促进倒挂金钟属植物强壮、年轻的开花枝或侧枝生长，只有等到新枝开始生长后，才能发现所有被霜冻损坏的枝芽。将所有主枝剪至离地面约30cm，同时将所有侧枝剪至靠近主枝的1对强壮的芽处。

补救修剪

　　如果倒挂金钟属植物多年未经修剪，它们会长出许多细弱的短枝，开出的花朵也会变小，枝条的基部也会变得光秃秃。春季，需要将所有枝条剪至离地面5~7cm。夏季，将细弱的枝条去除约1/3，以防止生长过于密集。

成熟植株的常规修剪方案。

剪短至 1 对健康的芽处。

剪刀要非常锋利，避免剪碎空心的枝条。

剪短主枝。

常规修剪

除去枯枝和残枝

常春藤属

Hedera

无论你想覆盖水平还是垂直的平面，都有众多的常春藤属植物品种可供选择，这一特性使其成为最具价值的攀缘植物之一。

修剪目的

控制植物生长，促使其在规定的生长区域内均匀覆盖

修剪建议

修剪之前，用花园中的水管喷洒植物以洗去灰尘

修剪季节

早春

相同修剪方式的植物

- 加拿利常春藤：四季，根据需要进行修剪
- 革叶常春藤：四季，根据需要进行修剪
- 洋常春藤：四季，根据需要进行修剪
- 五叶地锦：秋季或初冬，当枝条露出时修剪
- 地锦：秋季或初冬，当枝条露出时修剪

常用工具

- 手剪
- 长柄修枝剪
- 修枝锯

塑形修剪

将常春藤属植物培育成多枝植物，促使其从地面处长出强壮的枝条。种植后的第一个春季，需将枝条去除约 1/3。

常规修剪

修剪将使常春藤属植物保持在规定的空间内生长，以防止其爬上其他珍贵的乔木。掐掉顶端可促进它们分枝，更好地进行覆盖。对从支撑物上长出的所有枝条进行修剪也是很有必要的。春季新枝开始生长之前，剪掉所有超出其规定生长空间的枝条，在该区域内剪短约 60cm，以便促进枝条分枝，并将所有旺盛的朝外生长的枝条剪至其原点。

补救修剪

应修剪过度生长和失去控制的常春藤属植物，尤其是当它们的基部变得光秃秃的时候，需要重度修剪。春季，将所有的枝条剪短至离地面约 60cm，同时在新芽萌发时需进行塑形培育。

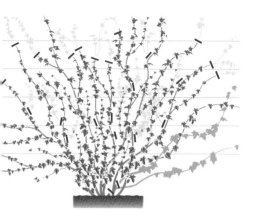

成熟植株的常规修剪方案。

常春藤的叶片成熟时，形状和颜色会发生变化。如果认为成熟的枝条没有吸引力,可以将其剪掉。

去除生长过于粗壮的枝条。

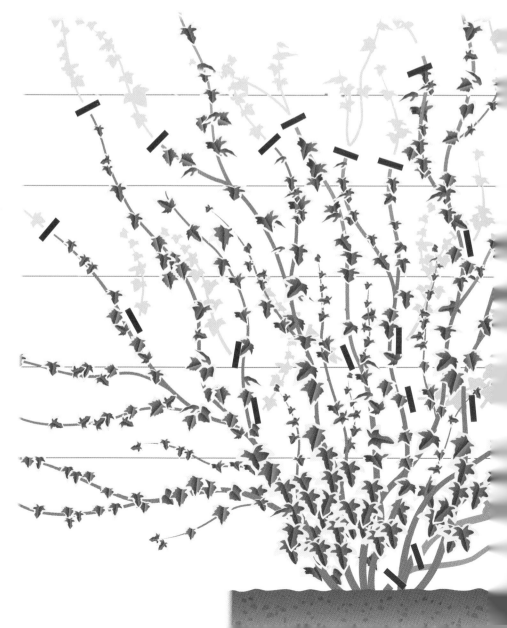

▬ 常规修剪
▬ 除去枯枝和残枝

木槿属

Hibiscus

木槿属植物拥有迷人的、色彩鲜艳的大花，这些花生长在新枝上，可以从夏末一直持续到初秋。

修剪目的
保持植物健康生长和定期开花

修剪建议
在春季植物开始生长时修剪，这样比较容易看到所有枯死和临死的枝条

修剪季节
冬末或早春

相同修剪方式的植物
- 朱槿：冬末或早春，开始萌芽时修剪
- 木槿：冬末或早春，开始萌芽时修剪

常用工具
- 手剪
- 长柄修枝剪

塑形修剪

修剪幼小的木槿属植株，促使其从地面处生长出强壮的枝条，从而生长得更加茂盛。种植后，剪掉所有细弱和受损的枝条，并将剩余的枝条剪短约 1/2，以促使植物从基部长出新枝。

常规修剪

木槿属植物几乎不需要定期进行修剪，只需要去除细弱和枯死的枝条，以及所有生长得过于旺盛的枝条即可，不过这也可能导致株型变得偏斜。通过将所有细弱的枝条剪短约 1/2，以达到掐尖的效果，并将所有枯死和垂死的枝条，剪至健康的枝条处。

补救修剪

必要时重新平衡单侧植物，以减少木槿属植物的整体大小，防止损坏其脆弱的根部，并去除所有死枝，以防止真菌侵袭。同时，去除所以较老的枝条，并将剩余的枝条剪短至其原始长度的约 2/3。

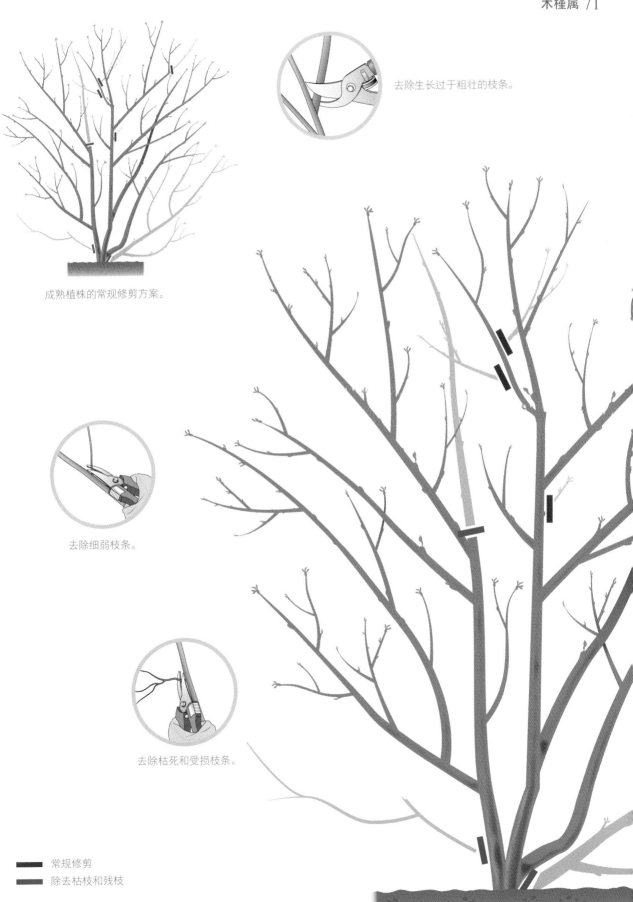

去除生长过于粗壮的枝条。

成熟植株的常规修剪方案。

去除细弱枝条。

去除枯死和受损枝条。

━━ 常规修剪

━━ 除去枯枝和残枝

绣球属（灌木）

Hydrangea

除了在寒冷的区域，灌木绣球那硕美的花朵几乎可以在所有的花园中绽放，从夏季到初冬都能带来精致的花朵。

修剪目的

提升绣球花朵的大小和质量，促进植物发育成 1 个横向分枝且均匀的形态

修剪建议

使用锋利的工具，以免意外将枝条撕裂

修剪季节

早春

相同修剪方式的植物

• 乔木绣球：春季，开始萌芽时修剪
• 圆锥绣球：春季，开始萌芽时修剪
• 栎叶绣球：春季，开始萌芽时修剪
• 绣球：夏末，花后修剪
• 粗齿绣球：夏末，花后修剪

常用工具

• 手剪
• 长柄修枝剪
• 修枝锯

塑形修剪

修剪幼小的灌木绣球属植株，以促使其从地面处长出强壮的枝条，从而生长得更加茂盛。种植后，剪掉所有细弱和受损的枝条，并将剩余的枝条轻轻地掐至其长度的约 2/3，以使枝条可以从植物的基部生长出来。

常规修剪

灌木绣球属植物想要开花良好，就需要定期进行修剪。去除老枝是尤为重要的，否则枝条会逐渐堆积。春季，修剪花朵开在新枝上的品种，将每根枝条都剪短约 1/3，至 1 对强壮、健康的芽处，以便在同年晚些时候可以盛放。将细长枝条剪至地面，去除所有交叉的枝条。

补救修剪

灌木绣球属植物随着生长会变得过于密集，它们会生长出许多细弱、散乱的枝条，花朵越来越少，尤其是在忽略对其进行修剪的情况下。通过重度修剪可以缓解此类情况，不过可能会降低下一季的开花质量。冬末或早春，将强壮的老枝剪至离地面 10~15cm，并剪掉所有细弱的枝条，以促进其长出新枝。

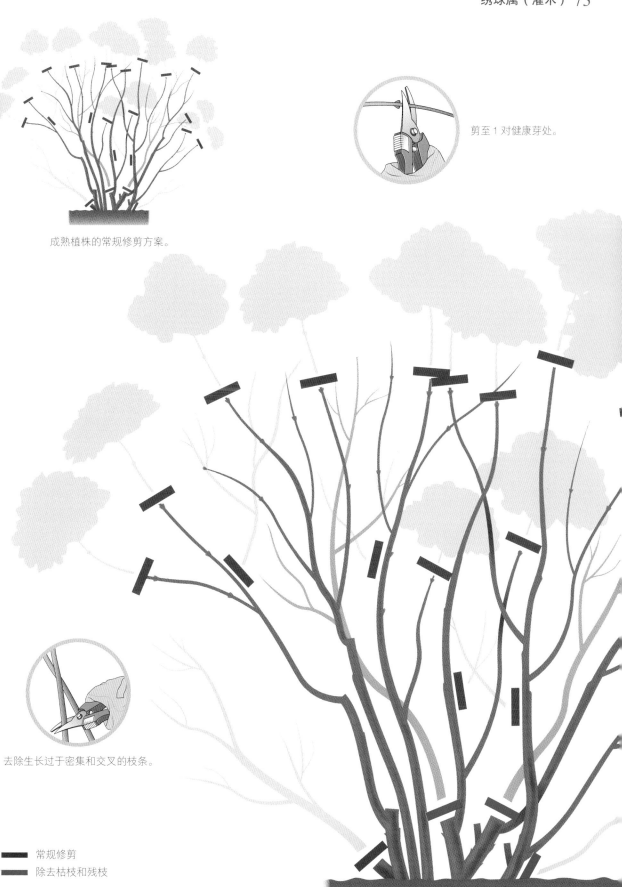

成熟植株的常规修剪方案。

剪至 1 对健康芽处。

去除生长过于密集和交叉的枝条。

常规修剪
除去枯枝和残枝

绣球属（藤本）

Hydrangea

藤本绣球属植物从夏季到深秋都开着美丽的花簇，是点亮阴暗处的理想植物。

修剪目的
控制植物生长，促进其开花

修剪建议
谨慎修剪，因为补救修剪之后，植物再次开花可能需要等待 2~3 年

修剪季节
夏末

相同修剪方式的植物
• 木通：夏末，花后修剪
• 泽曼绣球：夏末，花后修剪
• 攀缘绣球：夏末，花后修剪
• 日本野木瓜：春末，花后修剪

常用工具
• 手剪
• 长柄修枝剪

塑形修剪

幼小的藤本绣球属植物几乎不需要进行修剪，因为它们会生长得很茂盛，从地面处也会长出强壮的枝条。种植后的第一个春季，剪掉所有细弱和受损的枝条，培育新枝来组成支撑结构。

常规修剪

修剪将使藤本绣球属植物在规定的空间内生长，而修剪枝条的顶梢将促使它们分枝，以增加覆盖面积。同时，从支撑物向外生长的枝条也应被修剪。开花后的夏末，剪掉所有超出规定空间生长的枝条，将在规定区域内生长的枝条剪短约 60cm，以便分枝，并将所有朝外生长的枝条剪至剩两三个芽。

补救修剪

藤本绣球属植物的基部容易变得光秃秃，从而表现得头重脚轻。它们的花朵大部分会长在通常看不见的顶部树枝上，通过重度修剪将会有效地重新控制该植物的生长。春季，剪掉所有侧枝，只保留由主枝组成的框架，该项工作需要分 2~3 年进行。

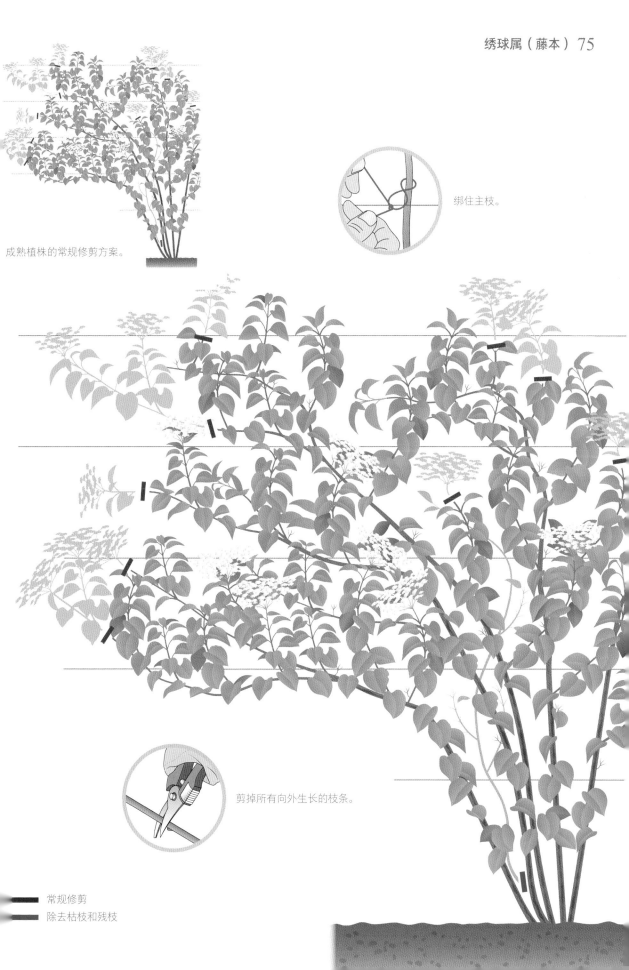

成熟植株的常规修剪方案。

绑住主枝。

剪掉所有向外生长的枝条。

常规修剪

除去枯枝和残枝

冬青属

Ilex

冬青树是众所周知的一种植物，因为它与圣诞节密切相关。

修剪目的

保持植物生长平衡，状态良好

修剪建议

不要在秋季修剪，因为新枝会被霜冻冻伤

修剪季节

仲夏或夏末

相同修剪方式的植物

- 欧洲冬青：仲夏或夏末修剪
- 齿叶冬青：冬末或早春修剪
- 光滑冬青：冬末或早春修剪
- 美国冬青：仲夏或夏末修剪
- 阿尔塔冬青：仲夏或夏末修剪

常用工具

- 手剪
- 修枝锯
- 大剪刀
- 防护手套

塑形修剪

冬青属植物通常有 1 个主枝或中央枝干，并分生大量的分枝和侧枝，修剪可保持主枝旺盛生长，同时促使侧枝变浓密。种植后，剪掉所有断裂和损坏的枝条，并将侧枝剪短约 5cm，以促进它们分枝。如果想一直保持金字塔形状，则应去除所有与主枝竞争的强壮枝条。

常规修剪

以树状生长的冬青属植物不需要定期修剪，即可保持良好的生长状况，但是也可以在植物幼时掐掉顶端，以使其保持理想中的形状。修剪旺盛的枝条，可以平衡植株的生长和形状。夏末，去掉芽尖，剪短 5~10cm 的枝条，以促进分枝，并去除所有有竞争性的枝条，将有活力的枝条至少剪短其长度的 1/2，至刚好在 1 个健康芽的上方或 1 根位置合适的侧枝的上方，同时，应去除所有从植物中心部位长出的细弱枝条。

补救修剪

随着株龄的增长，冬青属植物的枝条会生长得越来越慢，而它们的整体大小的增加也变得缓慢。同时，植物基部通常也会变得光秃、杂乱。而欧洲冬青和美国冬青生长缓慢，通常不需要修剪。

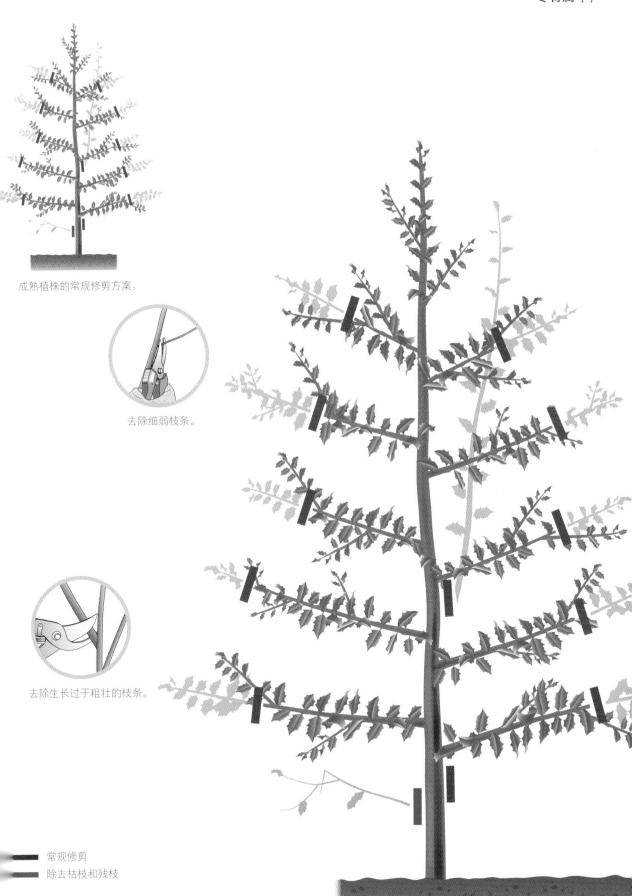

成熟植株的常规修剪方案。

去除细弱枝条。

去除生长过于粗壮的枝条。

■ 常规修剪

■ 除去枯枝和残枝

素馨属

Jasminum

素馨属植物生长迅速且花朵芳香，引人入胜。其能形成理想的屏幕，来遮盖和隐藏那些花园中你不希望露在外面的元素或部分。

修剪目的

保持植物生长平衡，促进其开花

修剪建议

开花后修剪，以免剪掉正在开花的枝条

修剪季节

早春

相同修剪方式的植物

- 迎春花：春季，花后修剪
- 素方花：冬季，花后修剪
- 多花素馨：夏季，花后修剪

常用工具

- 手剪
- 长柄修枝剪

塑形修剪

修剪幼小的素馨属植株，促使其从地面处生长出强壮的枝条，从而生长得更加茂盛。种植后的第一个春季，剪掉所有细弱和受损的枝条，并将所有强壮、健康的枝条剪短约1/3，然后在新枝发育时将其牵引到支撑结构中。

常规修剪

将素馨属植物打造出强壮、健康的枝条框架，并促进花穗形成。另外，修剪成熟的素馨时，应使其保持在规定的生长空间内。将侧生开花枝剪至剩两三对芽，这些芽可以容纳当季的花朵，同时应去除所有细弱和散乱的枝条。为鼓励其分枝，应将所有超出其规定空间的生长旺盛的枝条剪至1个强壮的芽处。

补救修剪

经过一段时间的生长，素馨属植物的基部通常会变得细长且光秃秃的，其对重度修剪有很好的反应。冬末或早春，使用手剪或长柄修枝剪将所有枝条剪至离地面约60cm，以促使新枝发育。重度修剪植物6~8周后，剪掉所有细弱的枝条，并开始将新的替换枝芽培育到支撑结构上。

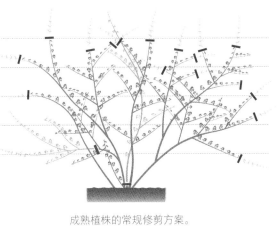

成熟植株的常规修剪方案。

修剪生长过于茂盛的枝条，至1个芽处。

绑住主枝。

常规修剪

除去枯枝和残枝

紫薇属

Lagerstroemia

紫薇属植物仅适合生长在夏季炎热的温暖花园中，但在适当的条件下，它们也可以长时间大量开花。除了鲜艳的花朵，它们还有装饰性的树叶和迷人的光滑树干。

修剪目的
促进植物发育平衡以及定期开花

修剪建议
通过修剪使足够的阳光进入树冠内部

修剪季节
早春

相同修剪方式的植物
- 福氏紫薇：早春修剪
- 紫薇：早春修剪
- 大花紫薇：早春修剪

常用工具
- 手剪
- 长柄修枝剪

塑形修剪

当紫薇属植物作为灌木种植时，应修剪其幼株，使它们生长茂盛、结构良好，同时建立具有中央主干和大量分生枝条的株型框架。如果需要，也可以将其转换为具有单个主干的样本植物，去除主干顶部10~15cm，以促进植物分枝。早春，应将所有细弱的长枝剪至剩两三个芽，并剪短所有杂乱长枝的约1/3。

常规修剪

一旦紫薇属植物形成了株型框架，每年修剪时应去除大约1/2较小的次侧生枝条，以促进新的开花枝生长。早春，将枝条剪至靠近侧枝的两三个芽内，这些侧枝会形成植物的主要枝条框架，随后剪掉所有穿过植物中心部位的枝条。

补救修剪

紫薇属植物的枝条可以被大量去除，甚至可以只剩主要的枝干框架，这样可以促进新的枝条生长，以及抵挡霜冻造成的危害。随后去除所有的细弱枝条，将枝条框架剪至只剩主干的四五个芽。

成熟植株的常规修剪方案。

修剪枝条，至剩两三个芽。

去除交叉枝条。

■ 常规修剪

■ 除去枯枝和残枝

薰衣草属

Lavandula

花叶的美妙气味和动人色彩使薰衣草属植物成为所有园林植物中广为人知和受人喜爱的植物之一。

修剪目的
促进植物开花，使植物生长得更紧凑、茂密

修剪建议
西班牙薰衣草等开花后要去除枯萎的花朵，但主要的修剪工作要等到春季才进行

修剪季节
早春至仲春，或夏末

相同修剪方式的植物
- 薰衣草：花后修剪
- 宽窄叶杂交薰衣草：花后修剪
- 西班牙薰衣草：春季修剪
- 光叶长阶花：花后修剪
- 长阶花：春季修剪

常用工具
- 手剪
- 大剪刀

塑形修剪

修剪幼小的薰衣草属植株，以促使其从地面处长出强壮的枝条，从而生长得更加茂盛。种植后，剪掉所有细弱和受损的枝条，并将剩余的枝条剪短约1/2，以促进植物从基部长出新枝。

常规修剪

对薰衣草属植物进行修剪是必要的，其不仅是为了去除枯花，保持植物的茂盛和浓密，而且还可以促进大量新枝生长发育，以防止植物基部裸露。去除所有折断、损坏和冬季死掉的枝条，并在春季开花后修剪过长的枝条，同时去除长出 5~7cm 的叶片的枯花。

补救修剪

这些寿命不长的薰衣草属植物的基部通常会变得光秃而细长，它们对重度修剪没有反应，老枝也不会产生新芽，最好的解决办法是移走并替换散乱的老的植物。

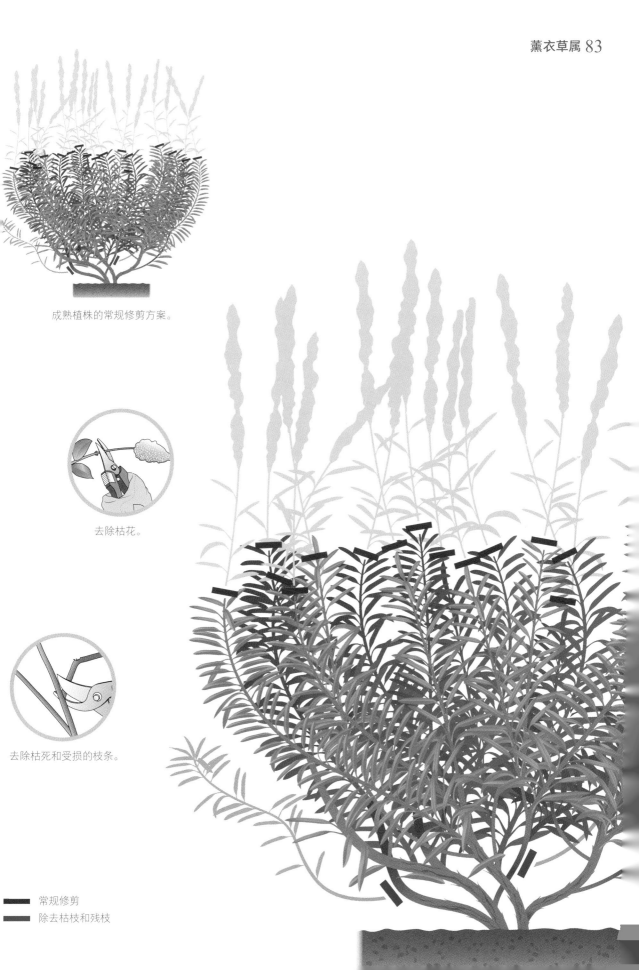

成熟植株的常规修剪方案。

去除枯花。

去除枯死和受损的枝条。

常规修剪
除去枯枝和残枝

忍冬属（藤本）
Lonicera

在温暖的夏夜里，没有任何植物的香味能比得上藤本忍冬属植物的。如果要在敞开的窗边种上一株芬芳的植物，那忍冬毫无疑问是不二之选。

修剪目的
控制植物生长，促进开花枝的生长

修剪建议
使用锋利的修枝工具，因为枝条很容易被压碎

修剪季节
夏末

相同修剪方式的植物

• 蔓生盘叶忍冬及其变种：夏末，花后修剪
• 地中海忍冬及其变种：夏末，花后修剪
• 淡红忍冬及其变种：夏末，花后修剪
• 日本忍冬及其变种：春季，花后修剪
• 香忍冬及其变种：夏末，花后修剪
• 贯月忍冬及其变种：夏末，花后修剪

常用工具

• 手剪
• 长柄修枝剪

塑形修剪

对藤本忍冬属植物的幼苗进行修剪，促使其从基部长出强壮的新枝，从而生长得更加茂密。种植后，去除所有细弱的生长枝，将剩余的枝条剪短约 1/3，以促进植物基部的新枝发育。然后选择强壮的枝条，并将其绑在支撑物上，直到这些枝条能够自行缠绕生长。

常规修剪

用强壮、健康的藤本忍冬属植物枝条打造框架，并促使其生长出更多开花枝。成熟的忍冬需要进行修剪，以保持其在规定的区域内生长。夏末开花后，剪掉所有超出规定生长空间的枝条，并在规定区域内将枝条剪至约 60cm，以便枝条能够分枝。将密集的枝条修理稀疏，并将所有侧枝剪至只剩靠近主枝的两三个芽，这些芽下一季就会开花。

补救修剪

除非定期进行修剪，否则藤本忍冬属植物的新枝老枝就会缠成一团，而枝条过于密集往往会导致病虫害。冬末或早春，将植物修剪成由三四根主枝组成的框架，长约 60cm，这样可以促进新枝的生长。重度修剪植物 6~8 周后，去除所有细弱的枝芽，留下最多 6 个强壮、健康的嫩芽。

成熟植株的常规修剪方案。

绑住主枝。

剪掉生长过于密集和交叉的枝条。

■ 常规修剪

■ 除去枯枝和残枝

忍冬属（灌木）
Lonicera

灌木忍冬属植物是无价的绿篱植物，独立种植在花园中也是很好的焦点，尤其是当它们被修剪造型过后。

修剪目的
限制植物的生长高度，促进植物横向分枝、均衡生长

修剪建议
使用修枝锯去除老枝，不然可能会被长柄修枝剪压碎

修剪季节
春末或初夏

相同修剪方式的植物
- 细梗溲疏及其变种：春末或初夏修剪
- 金钟连翘及其变种：春末或初夏修剪
- 鞑靼忍冬及其变种：仲夏修剪
- 郁香忍冬：春末或初夏修剪
- 颇普忍冬及其变种：春末或初夏修剪

常用工具
- 手剪
- 修枝锯

塑形修剪

对灌木忍冬属植物的幼苗进行修剪，促使它们在靠近土壤上方处长出强壮的嫩枝，从而形成框架。种植后的第一个冬季，去除所有细弱和受损的新枝，剪至离地约45cm的强壮、健康的枝芽处。随着新芽的发育，选择其中三四个强壮的，培养成整株植物的主干。第二个冬季，把这些新芽的尖端剪掉约1/4，再把它们培养成主枝，并将所有细芽剪至剩一两个芽处，然后将最弱的芽全部去除。

常规修剪

用灌木忍冬属植物强壮、健康的枝条组成框架，并促使其生长出更多健康的枝条。成熟的忍冬也要进行修剪，以保证它们在规定范围内生长。冬末，应剪短主干，至指定的高度，并绑在相应的支撑物上。修剪侧枝，每枝保留两三个芽即可。为防止植物生长过度密集，应剪掉所有多余的枝芽。夏季，剪掉拥挤的芽和靠近地面的老枝，为新芽的生长腾出空间。

补救修剪

随着灌木忍冬属植物藤条的老化，往往会新老枝条缠绕在一起，过度的拥挤会导致枝条脆弱不堪，这时就需要进行大量的修剪。冬季，可以将整个植物框架修剪成三四个长约1m的主干。待植物恢复活力后，去除所有细弱的枝芽，仅保留最多4个强壮和健康的芽来重组框架，并培养它们至合适的位置。

成熟植株的常规修剪方案。

修剪至1对健康的芽处。

去除老枝。

使用非常锋利的修枝剪，
以免压碎空心的枝干。

━━ 常规修剪
━━ 除去枯枝和残枝

北美木兰属
Magnolia

北美木兰属植物的花朵十分美丽，一树开满花的壮观景象常常令人难忘。

修剪目的

保持植物外形平衡，并促进其开花

修剪建议

树叶繁茂时应经常修剪，以防切口处树液损耗过多

修剪季节

仲夏

相同修剪方式的植物

• 荷花玉兰和其他常绿品种：春季修剪
• 紫玉兰：仲夏，树叶繁茂时修剪
• 二乔木兰：仲夏，树叶繁茂时修剪
• 星花木兰：仲夏，树叶繁茂时修剪

常用工具

• 手剪
• 修枝锯

塑形修剪

幼小的北美木兰属植物只需要轻度修剪，就可以促使其形成多枝的株型，通过生长强壮的枝条保持生长的平衡。春季，去除所有细弱的、损坏的和折断的枝条，剪掉灌木丛中心生长出来的枝条。通过剪短所有枝条约1/3，以达到为旺盛长枝掐尖的效果。

常规修剪

北美木兰属植物不需要通过定期修剪来保持自身良好的生长，但可以通过剪去旺盛的枝芽，以平衡植物的生长和形状。剪短有活力的枝条约1/2，至1个健康芽的上方或1根合适位置的侧枝处，并剪掉所有被风损坏的枝条。开花后，立即将老的开花枝剪至1个强壮、健康的芽处，以去除枯花。

补救修剪

随着株龄的增长，北美木兰属植物枝条的生长会变慢，整体大小也只是缓慢变大。由于枝条易碎，因此通常会被强风损坏，所以，应在3~4年内分阶段进行补救性修剪。通过将1/4~1/3的老枝修剪回离地高度0.6~1m，可以恢复多枝的株型。第二年，重复该过程，并去除所有生长过于密集的枝条，使更强壮的枝条生长。重复此过程几年，直到所有老枝都被替换。

成熟植株的常规修剪方案。

去除死花，剪至 1 个健康的芽处。

修剪茂盛枝条，至 1 个健康的芽处。

去除枯死和受损的枝条。

▬ 常规修剪

▬ 除去枯枝和残枝

十大功劳属

Mahonia

冬季，几乎很少有能比十大功劳属植物那金黄的花朵更激动人心的景色了。更为特殊的是，它的花朵在冬季的微风中还会散发出山谷百合般令人陶醉的香味。

修剪目的
控制植物的生长高度，促进植物生长茂盛

修剪建议
新枝形成前开始修剪，以避免错过第二年开花。使用弧形剪刀，因为砧式剪刀容易压碎枝条。戴上厚的皮手套，防止被带刺的叶片弄伤

修剪季节
早春或仲春

相同修剪方式的植物
• 冬青叶十大功劳：春季，花后修剪
• 狭叶十大功劳：春季，花后修剪
• 匍匐十大功劳：春季，花后修剪
• 南天竹：仲夏，花后修剪

常用工具
• 弧形手剪
• 长柄修枝剪
• 皮手套

塑形修剪

修剪十大功劳属植株，促使其发育为多枝植物，并从地面处长出强壮的枝条。种植后的第一个春季，将枝条修剪成最低的轮生或叶片簇，最好离地面15~20cm。

常规修剪

尽管十大功劳属植物不需要定期修剪，但最好使其形成多枝的株型，以防止其长得太高，过于散乱，难以管理。春季花朵褪色后，将枝条修剪成所需的高度。这将最大限度地延长它的生长期，并在随后的一年开出最美的花，但这也会"牺牲"掉当年的果实。在盘旋的叶子上方的一点处修剪枝条，以促进休眠的芽从此处开始产生3~5根新枝。剪掉所有细小、散乱的枝条，因为它们很少能产生美丽的花朵，而且常常还伴有病虫害。

补救修剪

随着株龄的增长，如果已经被忽视多年，十大功劳属植物靠近地面处的叶片会掉落，每根枝条的基部光秃而细长，并暴露出老树皮，树皮上有很深的裂缝和裂痕。然而，这种植物通常会对重度修剪的反应良好。春季晚些时候，将植物剪至高于地面30~60cm的由强壮枝条组成的框架中。过早修剪会使新芽受到春季霜冻的损伤。将所有细弱的枝条剪至更强壮的枝条处或直接剪到地面。

去除细弱枝条。

成熟植株的常规修剪方案。

补救修剪：剪至离地面 30~60cm。

常规修剪
除去枯枝和残枝

苹果属

Malus

作为水果中苹果的亲缘植物，苹果属植物是春季开花的乔木中较为普遍种植的，它们不光有光彩夺目的花朵，还有灰绿色、青铜色和红紫色等不同色彩的嫩叶，十分迷人。

修剪目的
保持和促进植物健康的新枝生长，提升开花数量

修剪建议
不能过度修剪，否则植物会长出徒长枝和不定芽

修剪季节
仲夏或夏末

相同修剪方式的植物
- 山荆子：仲夏、夏末或花后修剪
- 多花海棠：仲夏、夏末或花后修剪
- 豆梨：仲夏、夏末或花后修剪

常用工具
- 手剪
- 长柄修枝剪
- 修枝锯

塑形修剪

苹果属植物通常被培育成具有单个主干的样本树，但是当这种植物开始在花园中生长后，树枝结构和树冠也是可以发育的。修剪幼小的枝条，以促进具有中央主干和侧枝的植物发育平衡。种植后，剪掉所有受损的枝条，并将其余的枝条剪短约 1/2，使主干比周围的枝干稍长。然后将所有小的侧生枝条剪成 7~10cm，以促进新枝的生长。

常规修剪

一旦苹果属植物的树枝生长成形，就需要进行少量的常规修剪，以及去除所有受损的枝条。修剪应该在夏季，最好是在开花后尽早进行，这样不会刺激植物过度生长，并最大限度地减少被真菌侵袭的机会。去除所有有摩擦和分裂的枝条，并去除所有拥挤的分枝，以及植物基部的不定芽。

补救修剪

随着株龄增长，苹果属植物通常会生长得浓密拥挤、枝条细弱、参差不齐，开出的花也越来越少，未经过修剪的植物会表现得尤为明显。可以通过去除脆弱和病态的枝条，使植物内部通风透气，来应对这一现象的发生。

去除枯死和受损的枝条。

成熟植株的常规修剪方案。

生长过于密集和交叉的枝条。

与其用刀或剪子，不如直接用手将不定芽从生长处剥离下来，这样可以方便地去除所有会形成更多不定芽的休眠芽。

常规修剪

除去枯枝和残枝

木樨属

Osmanthus

木樨属植物是紧凑、易于生长的灌木或小乔木，其会开出小而有美妙香味的花朵，这些花会长出迷人的浆果。

修剪目的
促进植物开花和茂盛生长，发育良好和平衡

修剪建议
木樨属植物可以在夏季被修剪成篱笆墙或其他造型，但这样会剪掉很多来年可以开花的花蕾

修剪季节
晚春

相同修剪方式的植物
- 红柄木樨（夏末或秋季开花）：早春修剪
- 管花木樨：晚春，花后修剪
- 木樨：早春修剪
- 柊树（夏末或秋季开花）：早春修剪
- 布氏木樨（夏末或秋季开花）：晚春，花后修剪

常用工具
- 手剪
- 长柄修枝剪
- 修枝锯

塑形修剪

轻度修剪将促进木樨属植物的生长，通过强壮的枝条形成均匀平衡的株型框架。春季，应去除所有损坏和折断的枝条，同时减少灌木丛中央的枝条。通过去除约 1/3 剩余的枝条，和减少约 1/2 生长过于旺盛的枝条，以保持植物生长均衡。

常规修剪

木樨属植物不需要定期修剪即可保持良好的生长状况，仅需修剪过于旺盛的枝条以平衡植物的生长和形状。将茂盛的枝条剪短至少 1/2，使其位于 1 个健康的芽的上方或 1 根合适位置的侧枝上方。从植物中心部位去除所有细弱的枝条并清除因霜冻而损坏的所有新枝。

补救修剪

随着木樨属植物株龄的增长，每根枝条长度的增长会越来越慢，并且总体大小的增长也会越来越慢。同时，它们的基部会变得光秃而散乱。春末，将所有枝条剪至离地面 45~60cm。夏季，去除所有细小、生长过于密集的枝条，以促进强壮的枝条生长。

成熟植株的常规修剪方案。

修剪茂盛枝条，至1个健康的芽处。

去除被霜冻损伤的枝条。

去除细弱枝条。

常规修剪

除去枯枝和残枝

西番莲属

Passiflora

西番莲属植物不仅拥有壮观的花朵，其可贵之处还在于夏末和秋季能结出可食用的黄色果实。

修剪目的
控制植物生长，促进植物开花

修剪建议
应避免重度修剪，因为这可能会减少未来一两年的开花量

修剪季节
早春

相同修剪方式的植物
• 地中海忍冬：春季
• 日本忍冬：春季
• 香忍冬：夏末，开花后
• 西番莲：春季

常用工具
• 手剪
• 长柄修枝剪

塑形修剪

修剪幼小的西番莲属植株，以促进它们生长茂盛，促使植物从基部长出强壮的枝条。种植后，剪掉所有细弱和受损的枝条，并将剩余的枝条剪至其长度的约 1/3，以促进新枝从植物的基部长出。然后选择四五根强壮的嫩枝，将它们绑在网格或金属丝上，直到它们形成卷须并开始抓住支撑物为止。

常规修剪

修剪西番莲属植株，促使其生长出强壮、健康的枝条，并长出花芽。修剪成熟的植株，使其留在规定的生长区域内。春季，剪掉所有弱小的、枯死的和受霜冻破坏的枝条，梳理过于密集的枝条，并将所有侧生枝条剪至靠近主枝的两三个芽处，这些芽将长出新季节的花朵。

补救修剪

即使对西番莲属植物进行定期修剪，它们的新老枝条也会混乱地缠绕在一起，而且生长得过于密集，这往往会导致病虫害滋生。此时应移走杂乱的老植株，并用新的植株替换它们。

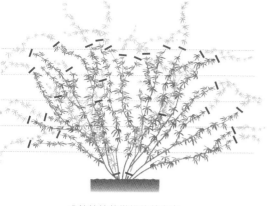

成熟植株的常规修剪方案。

在修剪枝条之前,先去除卷须,
以便于从支撑物上剪掉枝条。

绑住主枝。

去除生长过于密集
和交叉的枝条。

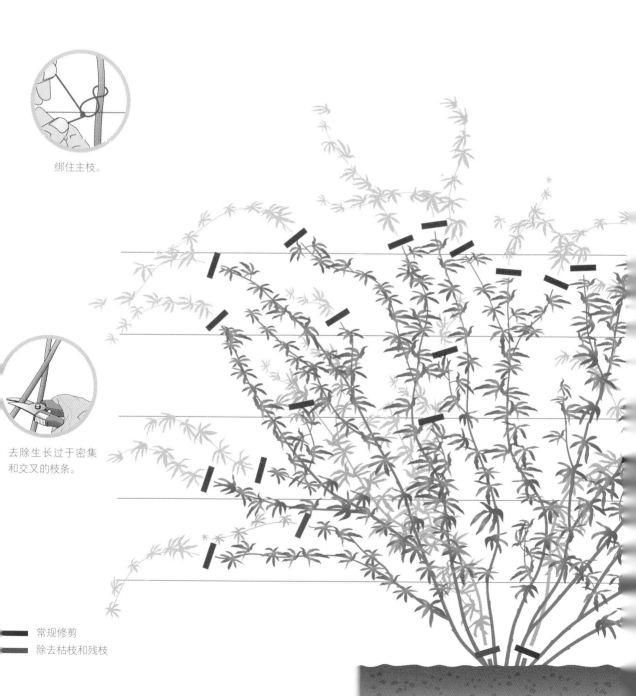

━━ 常规修剪
━━ 除去枯枝和残枝

山梅花属

Philadelphus

　　如果有一种灌木适合在你刚开始从事园艺工作时种植，那一定是山梅花属植物。从初夏至仲夏，它会开满由芳香的小花形成的花簇，这些花簇会把枝条都压弯。

修剪目的
促使植物长出新花枝

修剪建议
使用弧形手剪，因为枝条容易被砧式手剪压碎

修剪季节
夏末

相同修剪方式的植物
• 欧洲山梅花：夏末，花后修剪
• 曼提荷马山梅花：夏末，花后修剪
• 棣棠花：晚春，花后修剪

常用工具
• 手剪
• 长柄修枝剪
• 修枝锯

塑形修剪

　　修剪幼小的山梅花属植株，促使其从地面处长出强壮的枝条，从而生长得更加茂盛。种植后，修剪掉损伤的枝条，并将剩余的枝条剪短约 1/2，以促进新枝从植物的基部长出。

常规修剪

　　如果想让山梅花属植物开出优质的花，需要每年进行定期修剪。每年应去除约 1/4 的老枝，以便让阳光照射进来，并为新枝腾出生长空间。夏末，尽可能地剪掉老枝，以便在来年生长期内形成迷人的观花景象。通过将老开花枝剪至 1 个健康芽的正上方或 1 根处于合适位置的侧枝上，来塑形植物。

补救修剪

　　随着山梅花属植物的生长，它们往往会变得浓密和拥挤，枝条细弱、散乱，花也变少，尤其是当忽略了修剪之后。此时，需要通过几年分阶段的重度修剪来缓解该现象。第一年，选择三四根坚固的枝条，将其剪短约 1/2，并将剩余的新枝剪至地面上方 5~7cm 处，促进新枝发育以替代老枝。第二年，应该去除所有细弱的枝条，并剪掉靠近地面的三四根老枝。

成熟植株的常规修剪方案。

将老开花枝剪至 1 个
健康的芽处。

去除老枝。

━━ 常规修剪
━━ 除去枯枝和残枝

金露梅

Potentilla fruticosa

金露梅是一种适应性好、易于种植的灌木植物，花朵五颜六色。如果品种选择得当，可实现从夏季到深秋一直繁花相伴。

修剪目的
促进植物开花，促使植物生长紧凑、茂密

修剪建议
开花后用大剪刀进行修剪

修剪季节
仲春

相同修剪方式的植物
- 岩蔷薇：仲春修剪
- 白色赫柏：春季，花后修剪
- 长阶花：春季，花后修剪
- 金露梅：仲春修剪

常用工具
- 手剪
- 大剪刀

塑形修剪

修剪幼小的金露梅，以促使其从植物基部长出强壮的枝条，从而生长得更加茂盛。种植后，剪掉所有细弱和受损的枝条，并将剩余的枝条剪掉约 1/2 的长度，以促进植物基部的新枝生长。

常规修剪

修剪金露梅时，应重点去除枯花，并保持植物生长紧凑、茂盛，以促进植物生长出大量新枝，以免基部裸露。仲春，剪掉所有过于旺盛的长枝条，剪掉大约 1/3 的老枝至地面处，并剪掉所有交叉的枝条。开花后，去除带有 5~7cm 苞叶的枯花。

补救修剪

金露梅会随着生长而变得拥挤不堪，长出许多细弱、散乱的枝条，而开出的花越来越少，可以通过重度修剪来缓解该现象，但仍会损伤下一季的花朵。冬末或早春，将老的粗壮枝条剪至离地面 10~15cm，并剪掉所有细弱的枝条，以促进新枝生长。

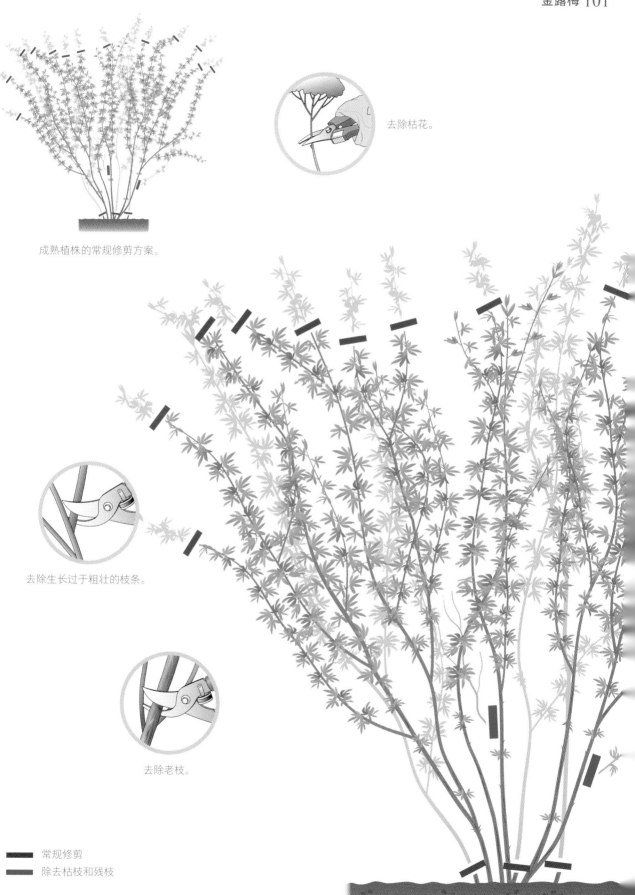

成熟植株的常规修剪方案。

去除枯花。

去除生长过于粗壮的枝条。

去除老枝。

常规修剪
除去枯枝和残枝

李属（落叶品种）

Prunus

落叶品种的李属植物的花朵通常长在光滑的树枝上，从早春至仲春开花时绚丽至极，当花期结束时，树的基部往往被落下的花瓣覆盖，形成一层厚厚的花毯。

修剪目的
保持植物的枝条框架平衡

修剪建议
花后修剪，以减少感染真菌病的风险

修剪季节
晚春

相同修剪方式的植物
• 大叶早樱：晚春，花后修剪

常用工具
• 手剪
• 修枝锯

塑形修剪

修剪幼小的落叶品种的李属植株，以促进它们生长茂盛、结构良好，它们具有中央主干和错落有致的枝条。应剪短主枝10~15cm，以鼓励植物分枝。夏季，剪掉所有细弱的长枝，并去除约1/3的杂乱长枝。

常规修剪

多数落叶品种的李属植物可以在少量修剪，甚至没有修剪的情况下常年生长良好。总体而言，除非它们已变得过于密集、患病或受损，否则不宜修剪。仅需要将嫁接点下方的不定芽和所有交叉和损坏的枝条修剪回原处即可。

补救修剪

落叶品种的李属植物对重度修剪的反应不好，最好的方法是用新植株替代开花不好的老植株，并移走和处理变形的老植株。

成熟植株的常规修剪方案。

除生长过于密集和交叉的枝条。

去除枯死和受损的枝条。

—— 常规修剪
—— 除去枯枝和残枝

李属（常绿品种）

Prunus

李属植物中的常绿品种通常不是为了开花而种植的，而主要是用来作为花园中的骨干树种。它们是良好的常绿植物，可用作绿篱、独立灌木或覆盖地面。

修剪目的

保持株型平衡、圆润，防止植物的底部变得光秃和杂乱

修剪建议

通过选择一个可以生长到所需大小的品种来保持最低限度的修剪

修剪季节

冬末

相同修剪方式的植物

• 冬青叶樱树：冬末，浆果掉落后修剪
• 桂樱：冬末，浆果掉落后修剪
• 葡萄牙桂樱：晚春或初夏修剪

常用工具

• 手剪
• 长柄修枝剪

塑形修剪

修剪幼小的常绿品种的李属植株，以促使其从离地面约30cm处长出强壮的枝条，从而生长得更加茂盛。种植后，剪掉所有细弱和受损的枝条，并将剩余的枝条剪短约1/3，以促进新枝从植物的基部生长出来。

常规修剪

修剪常绿品种的李属植株应在颜色鲜艳的浆果掉落，以及严重霜冻过后或开花后的冬末进行。修剪应尽可能地保持株型的形状，以促进生长出健康、有光泽的树叶。应当剪掉所有过度旺盛的枝条，以帮助植物保持其自然形态。在杂色植物上，去除所有全绿枝条，并将上一年所有带有花和果实的老枝剪至1个强壮的芽处。

补救修剪

常绿品种的李属植物经常会长出裸露的枝条，在枝条的末端只有几片叶子。它们的基部通常也会变得光秃，露出暗绿色的枝干。将老枝砍到离地15~20cm，并将所有细弱的枝条剪至地面。

成熟植株的常规修剪方案。

修剪至 1 个健康的芽处。

去除生长过于粗壮的枝条。

常规修剪

除去枯枝和残枝

火棘属

Pyracantha

火棘属植物是十分适合在墙壁或其他平坦表面上造型的植物。植物成熟后，就会不断长出色泽鲜艳的浆果，这些浆果通常可以生长到来年春季。

修剪目的
促进枝条在规定的区域内健康生长

修剪建议
避免重度修剪，以免引起火疫病（症状包括新枝死亡、花叶呈焦灼样等）。戴上结实的手套，因为枝条上有锋利的刺

修剪季节
晚春或夏末

相同修剪方式的植物
• 欧洲火棘：晚春或夏末，花后修剪
• 全缘火棘：晚春或夏末，花后修剪
• 台湾火棘：晚春或夏末，花后修剪
• 豪猪锚刺棘：仲春修剪
• 锚刺棘：仲春修剪

常用工具
• 手剪
• 长柄修枝剪
• 防护手套

塑形修剪

修剪幼小的火棘属植株，以促使其旺盛生长，并从地面处长出强壮的枝条，培育支撑结构。种植后的第一个春季，剪掉所有细弱和受损的枝条，通过去除末梢的约 1/3 来为主梢掐尖。

常规修剪

为火棘属植物打造坚固、健康的枝条框架，并促进更多新枝生长。通过修剪成熟的火棘属植物，使它们保持在规定的空间内生长。夏末时进行修剪，会让浆果更明亮。为了使植物紧贴墙面生长，春季需将向外生长的新枝剪至 10cm 左右，并卸下所有老的带有水果的桁架。夏末，如果不需要将枝条绑在支撑物上，可将生长过于旺盛的枝条剪至剩两三个芽。

补救修剪

火棘属植物的基部通常裸露而细长，但是它们对重度修剪会作出很好的反应。冬末或早春，应使用长柄修枝剪或锯子将所有枝条修剪到距离地面约 30cm，以促使新枝生长。重度修剪火棘 6~8 周后，去除所有细弱的枝条，并开始将新的替换枝条牵引到支撑结构上。

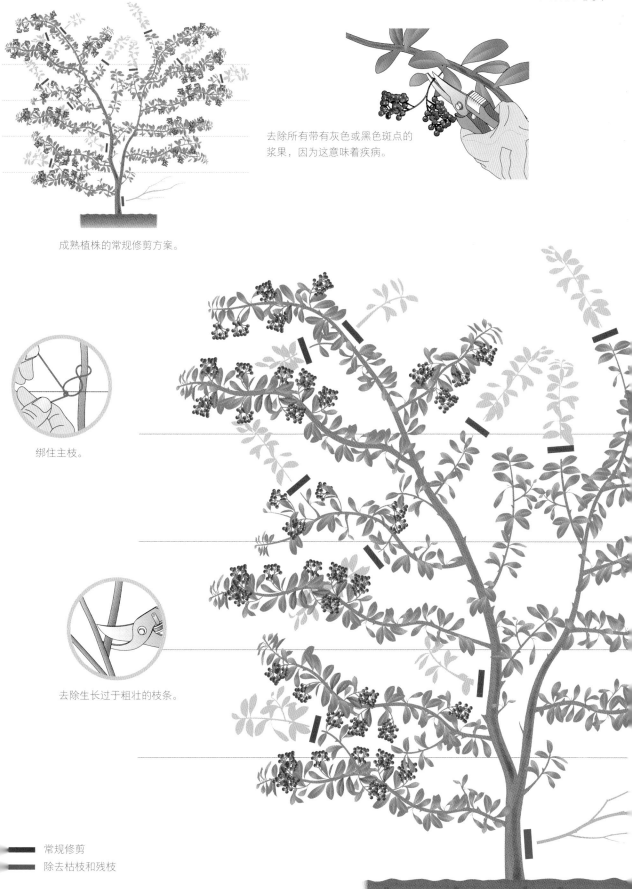

成熟植株的常规修剪方案。

去除所有带有灰色或黑色斑点的
浆果，因为这意味着疾病。

绑住主枝。

去除生长过于粗壮的枝条。

常规修剪
除去枯枝和残枝

杜鹃花属

Rhododendron

杜鹃花属植物十分可爱且品种丰富，植物大小不等，既有可以盆栽的小型品种，也有适合林地花园的大型灌木品种。

修剪目的

促进植物开花，促使植物生长茂盛

修剪建议

花后立即开始修剪，以防止来年不开花

修剪季节

仲夏

相同修剪方式的植物

• 杜鹃花落叶和常绿品种：仲夏，花后修剪

• 卡罗莱纳杜鹃：仲夏，花后修剪

• 菊花杜鹃：仲夏，花后修剪

• 美国杜鹃：仲夏，花后修剪

常用工具

• 手剪

• 长柄修枝剪

• 修枝锯

塑形修剪

对杜鹃花属植物进行修剪，促进植物的生长，以促使其从靠近地面处长出强壮的枝条。种植后的第一个春季，剪短枝条的约 1/3 长度，这将促使植物生长得矮壮、浓密。将生长旺盛的枝条剪短约 1/2，以保持植物均匀和平衡的生长。

常规修剪

杜鹃花属植物一般不需要定期修剪就可以保持良好的生长状况，但是如果去除枯花，种子的质量会更高，也可以抑制随后的开花。可以通过修剪旺盛的枝条，来保持植物生长和形态平衡。仲夏开花后，立即剪下枯死的花穗，至 1 个强壮、健康的芽处。去除并烧掉所有尚未开放但已发霉的花蕾，以免将真菌病传播到植株的其他部位。然后剪短强壮枝条的至少 1/2，至 1 个健康的芽或 1 根合适位置的侧枝上方。去除植物中心部位所有的细弱枝和枯枝，并将植物基部所有明显的不定芽去除。

补救修剪

随着株龄的增长，杜鹃花属植物枝条的长度会越长越慢，体积的增加也会逐渐缓慢，基部也经常会变得裸露。春季，将较老的枝条剪至离地面 30~45cm。夏末，去除所有稀疏和拥挤的枝条，以促使更强壮的枝条生长。

成熟植株的常规修剪方案。

去除枯花，剪至 1 个健康的芽处。

将茂盛枝条剪至 1 个健康
的芽处。

补救修剪：剪短老枝。

━━ 常规修剪

━━ 除去枯枝和残枝

蔷薇属（大花）

Rosa

　　大花蔷薇属植物以花朵艳丽多彩且芳香宜人而著称，是所有耐寒植物中种植最为广泛的，几乎所有花园都有蔷薇属植物。

修剪目的

促使植物长出强壮的新枝和茂盛的花朵

修剪建议

霜冻来临前不要修剪，因为修剪后的枝条可能会裂开，特别是在汁液流淌的时候

修剪季节

冬末或早春

相同修剪方式的植物

- 月季‘香云’：冬末或早春修剪
- 月季‘耀日红’：冬末或早春修剪
- 月季‘红宝石婚’：冬末或早春修剪
- 月季‘银色周年’：冬末或早春修剪

常用工具

- 手剪
- 长柄修枝剪
- 修枝锯

塑形修剪

　　修剪大花蔷薇属植株幼苗，促进其长成多枝植物，以促使其从靠近地面处长出强壮的枝条，形成平衡的枝条框架。去除受损和折断的枝条，并减少灌木丛中心部位生长的枝条，然后将强壮、健康的枝条剪至离地面 7~15cm，生长方向朝外。

常规修剪

　　大花类型的蔷薇属植物需要每年定期进行修剪，以确保植物中心部位开阔且空气流通良好。冬末或早春，去除枯死、患病和损坏的枝条，修剪时尽可能地贴近健康的树枝，修剪朝外生长的芽，好让灌木丛的中心部位不会变得拥挤。去除细弱的枝条和在灌木中心部位生长的枝条，如果老枝已经过于密集，请用小型修枝锯将其去除。剪掉相互缠绕的枝条，因为枝条相互摩擦会损坏树皮，致使植物容易生病。最后，将剩余的枝条剪到离地约 25cm 处朝外生长的芽上方，较细的枝条可以剪短约 15cm。

补救修剪

　　未修剪的大花蔷薇属植物往往会生长得过于密集，开出的花质量差，且易受病虫害侵害。可以通过分阶段进行重度修剪来解决此问题，最大限度地减少不定芽从砧木中脱出的可能性。冬季，使用锯子将 1/2 的老枝条锯到尽可能靠近老枝框架的位置。留下 2.5~5cm 长的老枝，新枝将从中生出。第二年，剪掉所有细弱枝条，并去除仍然存在的所有老枝。

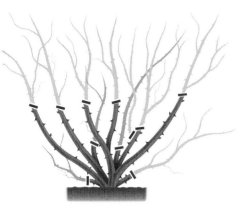

成熟植株的常规修剪方案。

去除枯死和受损的枝条。

除生长过于密集和交叉的枝条。

塑形修剪

第一个春季。

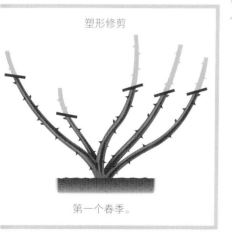

常规修剪

除去枯枝和残枝

蔷薇属（簇花）

Rosa

簇花蔷薇属植物的花朵色彩缤纷，通常具有香味，是花园中流行种植的植物之一。比起单朵花，成团盛放的更受人们喜爱。

修剪目的

促使植物长出强壮的新枝和繁茂的花朵

修剪建议

霜冻来临之前，不要修剪，因为修剪后的枝条可能会裂开，特别是在汁液流淌的时候

修剪季节

冬末或早春

相同修剪方式的植物

- 月季'安妮·哈克尼斯'：冬末或早春，开始萌芽前修剪
- 月季'冰山'：冬末或早春，开始萌芽前修剪
- 月季'玛格丽特·梅瑞尔'：冬末或早春，开始萌芽前修剪
- 月季'伊丽莎白女王'：冬末或早春，开始萌芽前修剪

常用工具

- 手剪
- 长柄修枝剪
- 皮手套

塑形修剪

修剪簇花蔷薇属植株的幼苗，促进其从靠近地面处长出强壮的枝条，从而形成平衡的枝条框架。去除受损和折断的枝条，并减少灌木丛中心部位生长的枝条。然后将所有强壮、健康的枝条剪至离地面7~15cm朝外生长的芽上方。

常规修剪

簇花蔷薇属植物需要每年定期进行修剪，以确保植物中心部位开阔且空气流通良好。冬末或早春，去除枯死、患病和损坏的枝条，修剪时尽可能贴近健康的枝条。主要修剪朝外生长的芽，好让灌木丛的中心部位不会变得拥挤。去除细弱的枝条和在灌木中心部位生长的枝条，如果老枝基部已经过于密集，请用小型修枝锯将其去除，并剪掉交叉和相互摩擦的枝条。最后，将所有剩余的枝条剪短至上一年开始生长的位置上方约10cm处，经过约4年的处理后，将这些枝条剪至比地面高约25cm，同时去除较细的枝条。

补救修剪

未经修剪的簇花蔷薇属植物往往会生长得过于密集，开花不良，并易受到病虫害的侵害。可以通过分阶段进行重度修剪来缓解该现象，从而最大限度地减少不定芽从砧木中脱出的可能性。冬季，如果需要，用锯子将1/2的老枝修剪得尽可能靠近老的枝条框架，留下2.5~5cm长，新枝条将从中生出。第二年，剪掉所有弱枝和剩余的老枝，并将强壮的枝条剪至离地面约25cm处。

成熟植株的常规修剪方案。

去除细弱的枝条。

去除枯死和受损的枝条。

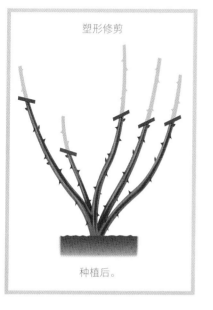

塑形修剪

种植后。

常规修剪

除去枯枝和残枝

蔷薇属（灌木和其他品种）

Rosa

这组分类中的大部分蔷薇属植物在花园中以色彩缤纷的花朵闻名，部分具有香味。它们可以大量种植在一起来展示色彩效果，也可以单独种植，有的还能长出诱人的果实，果实被称为蔷薇果。

修剪目的
促使植物长出强壮的新枝、茂盛的花朵和鲜艳的果实

修剪建议
定期检查不定芽，这些不定芽看上去与要栽培的嫁接品种相似，但实际是从嫁接枝下方长出来的，需要及时将其去除

修剪季节
冬末或早春

相同修剪方式的植物
• 月季'金丝雀'：冬末或早春，开始萌芽前修剪
• 粉绿叶蔷薇：冬末或早春，开始萌芽前修剪
• 华西蔷薇：冬末或早春，开始萌芽前修剪
• '罗莎曼迪'：冬末或早春，开始萌芽前修剪
• 绿萼月季：冬末或早春，开始萌芽前修剪

常用工具
• 手剪
• 长柄修枝剪
• 皮手套

塑形修剪

修剪灌木和其他品种的蔷薇属植株幼苗，以促使其从靠近地面处长出强壮的枝条，从而形成平衡的枝条框架。去除受损和折断的枝条，并减少灌木丛中心部位的枝条，然后将所有强壮、健康的枝条剪至离地面 7~15cm 朝外生长的芽上方。

常规修剪

灌木和其他品种的蔷薇属植物需要每年定期进行修剪，以确保植物中心部位开阔且空气流通良好。冬末或早春，去除枯死、患病和损坏的枝条，修剪时尽可能地贴近健康的树枝。可以将植物的健康枝条剪短 1/3~1/2。主要保留朝外生长的枝条，这样灌木丛的中心部位就不会变得太过拥挤。应去除靠近基部的一两根老枝，并剪掉细弱的枝条和在灌木中心部位生长的枝条。如果老枝基部根变得过于密集，请用小型修枝锯将其去除。开花后，需要将每根开花枝剪短约 1/3。

补救修剪

灌木和其他品种的蔷薇属植物通常会生长得过于密集，它们会产生大量细弱、杂乱的枝条，往往易受病虫害的侵害，可以通过分阶段的重度修剪来解决。冬季的晚些时候，将约 1/2 的老枝剪到尽可能接近地面，并将剩余的枝条剪至其原始长度的 1/2 左右。然后在接下来的夏季，剪掉所有细弱枝条，并去除所有的老枝。

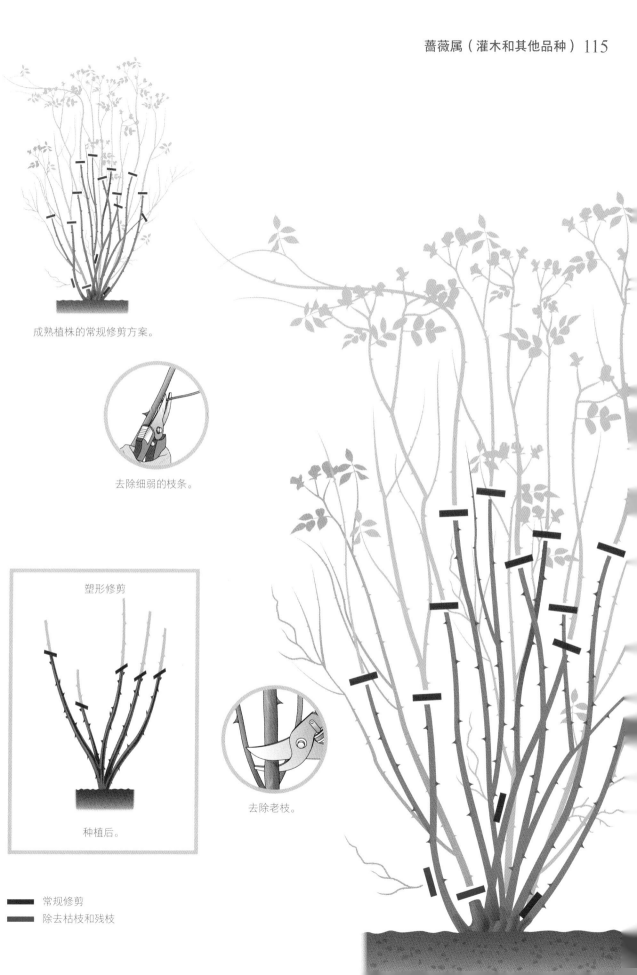

成熟植株的常规修剪方案。

去除细弱的枝条。

塑形修剪

去除老枝。

种植后。

━━ 常规修剪
━━ 除去枯枝和残枝

藤本月季

Rosa

盛夏时分，攀爬花墙上或棚架上的藤本月季植物开满鲜花，美丽的花朵搭配着鲜活的绿叶，形成令人难忘的画面。

修剪目的

促使植物长出强壮的新枝和茂盛的花朵

修剪建议

将尽可能多的枝条沿水平方向牵引

修剪季节

早秋或仲秋

相同修剪方式的植物

- 月季'至高无上'：秋季修剪
- 月季'汉德尔'：秋季修剪
- 月季'崭新黎明'：秋季修剪
- 月季'瑟菲席妮·杜鲁安'：秋季修剪

常用工具

- 手剪
- 长柄修枝剪
- 修剪刀

塑形修剪

修剪藤本月季植株，以促使其从靠近地面处长出强壮的枝条，从而形成平衡的枝条框架。去除损坏和折断的枝条，并剪短植物中心部位生长的枝条。在生长过程中，当强壮、健康的枝条长到75~90cm高时，要将每根枝条剪短约10cm，以促进分枝。

常规修剪

藤本月季植物应定期进行修剪，去除老的、枯死的和患病的枝条，以及所有细弱的枝条，促进生长旺盛的新枝发育。可以通过水平牵引枝条来促进长出短的开花枝。秋季，尽可能去除枯死、患病和受损的枝条，使其尽可能靠近地面。每年，可以去除大约1/3的老开花枝，为新枝腾出生长空间。开花结束后，应将所有的侧生开花枝剪短约2/3，并剪掉相互缠绕的所有枝条，以及绑好其余枝条。

补救修剪

如果不修剪，许多藤本月季植物能活很多年。它们的基部可能会变得光秃秃，新枝也将逐渐停止生长，并且随着植物的缓慢衰老，开出的花朵也会更小、质量更差，这些现象只有通过分阶段的重度修剪才能解决。重度修剪可最大限度地减少不定芽从砧木中脱出的可能性。冬季，将所有老枝剪短约2/3，至1个健康的芽或1根合适位置的枝条处，并将侧枝剪短约1/3，以此促进新枝的生长。第二年，应去除所有细弱的枝条，同时，去除所有枯死的老枝。

成熟植株的常规修剪方案。

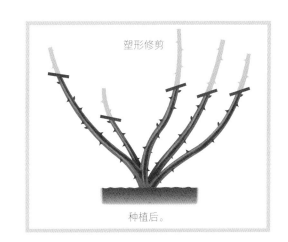

塑形修剪

种植后。

绑住新枝。

剪掉细弱的枝条。

■ 常规修剪
■ 除去枯枝和残枝

攀缘蔷薇

Rosa

　　将攀缘蔷薇牵引于树上、拱门上、棚架上进行造型，到了夏季，就会形成一道壮丽的景观。

修剪目的

促使植物长出强壮的新枝和茂盛的花朵

修剪建议

修剪后应立即绑扎所有新枝，以免被强风破坏

修剪季节

早秋或仲秋

相同修剪方式的植物

• 月季'艾伯丁'：花后或早秋修剪
• 月季'艾米莉·格雷'：花后或早秋修剪
• 月季'崭新黎明'：花后或早秋修剪
• 月季'麝香蔷薇'：花后或早秋修剪
• 月季'婚礼日'：花后或早秋修剪

常用工具

• 手剪
• 修枝锯
• 园艺刀
• 皮手套

塑形修剪

　　修剪攀缘蔷薇植株幼苗，以促进其在接近地面处长出强壮的新枝，并创造一个平衡的枝条框架。去除所有损坏和折断的枝条，把穿过植物中心部位生长的所有枝条都剪掉，然后将强壮、健康的枝条剪至离地 30~40cm，向外生长的芽上方。

常规修剪

　　攀缘蔷薇应定期进行修剪，去除老枝、枯枝和开过花的枝条。剪去细弱枝条，以促进有活力的新枝萌发，同时帮助短花枝生长。通过修剪还可以将花园中的植物保持在其规定的生长空间内。秋季，剪掉所有枯死的、生病的和损坏的枝条，使其尽可能接近地面。每年，可以移除大约 1/3 的老枝，为新枝腾出生长空间。然后，剪掉所有交叉和互相摩擦并造成损伤的枝条，并将其余的枝条绑在支撑物上。待花期结束后，将所有开花的侧枝剪至距侧枝基部约 10cm 处。

补救修剪

　　成熟后的攀缘蔷薇随时间的推移，如果不注重修剪，它的枝条会变得又细又弱、浓密散乱，而且会缠绕在一起，很容易受到病虫害的侵害。开出的花不仅数量少，品质也不高。这些问题需要通过分阶段的重度修剪来解决，或者在夏末将整株植物砍至地面。冬季，将所有的老枝剪至离地面约 45cm，以促进新枝的生长。初夏，剪掉所有枯死和患病的嫩枝，并去除所有细弱的枝条，然后把强壮的枝条绑在一起，形成主要的框架。最后，修剪所有侧枝，至离主干约 10cm 即可。

塑形修剪

成熟植株的常规修剪方案。

绑住新枝。

种植后。

去除枯死和受损枝条。

去除老枝。

常规修剪

除去枯枝和残枝

迷迭香属

Rosmarinus

迷迭香芳香的叶片在厨房作业中用处很大，在花园中其结构和鲜艳的花朵色彩也同样有用。

修剪目的

促进植物生长平衡

修剪建议

用锯子进行补救修剪时，要注意避免压碎枝条

修剪季节

夏末

相同修剪方式的植物

- 迷迭香：夏末，花后修剪
- 银香菊：夏末，花后修剪

常用工具

- 手剪
- 修枝剪

塑形修剪

总的来说，应该让迷迭香属植物自然生长。但修剪也是必要的，可以防止植物生长变得不平衡。种植后，去除所有细弱和损坏的枝条，修剪过于茂盛的新枝。

常规修剪

要想保持迷迭香属植物的生长平衡，就要剪掉那些非常粗壮的枝条，梳理所有缠绕的、密集的枝条。去除折断和损坏的枝条。开花后应修剪互生的枝条，以使密集的枝条变薄，然后修剪所有强壮的枝条，将每根枝条剪短约 1/3。

补救修剪

较老的迷迭香属植物的基部易掉叶和徒长，露出具有深裂痕的表皮，它们通常会对重度修剪产生较好的反应。仲春时，应将植物修剪成高出地面 30~60cm 的坚固枝条框架。

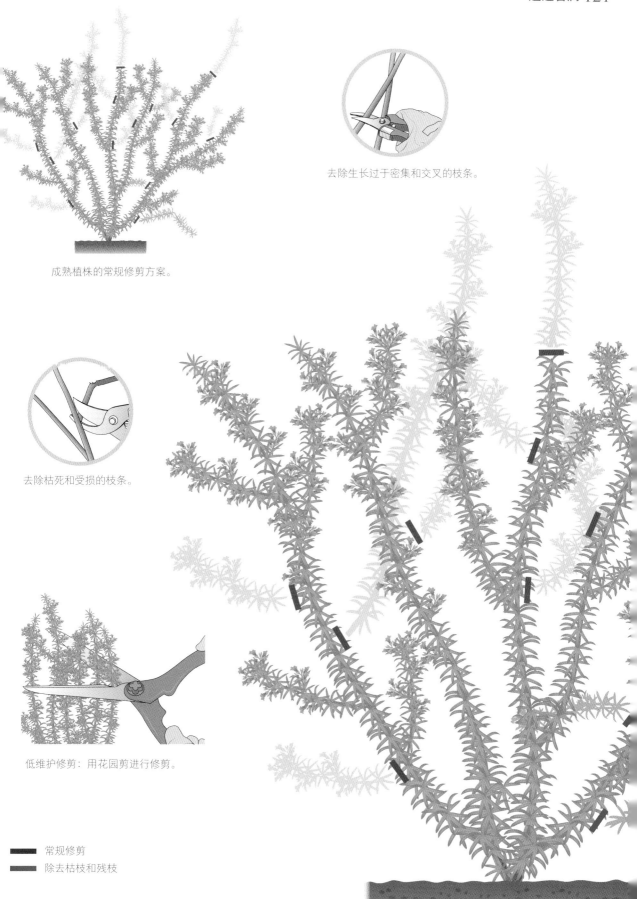

成熟植株的常规修剪方案。

去除生长过于密集和交叉的枝条。

去除枯死和受损的枝条。

低维护修剪：用花园剪进行修剪。

常规修剪

除去枯枝和残枝

柳属

Salix

人们选择种植柳属植物往往是因为它那具有动人色彩的枝条和引人注目的斑驳的叶片。一些品种有着迷人的花朵（荑黄花序），而另一些品种则是凭借其随风摇摆的垂枝而备受青睐。

修剪目的

限制植物的生长高度，促进新鲜、亮丽的枝条生长

修剪建议

刚开始发芽时就着手修剪。使用弧形修枝器，因为砧式修枝器很容易压碎枝条

修剪季节

早春或仲春

相同修剪方式的植物

- 红瑞木：仲春修剪
- 欧洲红瑞木：仲春修剪
- 偃伏株木：仲春修剪
- 白柳：早春修剪，夏季修剪枯枝
- 粉枝柳：早春修剪，夏季修剪枯枝
- 红皮柳：早春修剪，夏季修剪枯枝

常用工具

- 手剪
- 长柄修枝剪
- 修枝锯

塑形修剪

修剪柳属植株，以促使其在接近地面的地方发出强壮的芽。通常在冬季或早春种植后，柳属植物会被重度修剪至约剩 15cm，当它们长成后，会从基部长出新枝。将进行树冠修剪的植物在第一年留下 1 根大约 1m 高的主干，然后在冬季或早春的时候将生长点去除，以便在植物成熟的时候，从顶部长出新枝。

常规修剪

如果要收获最吸引人的冬季色彩，柳属植物需要每年进行定期修剪，去除老的枝条，以促进新枝发育，在修剪时应剪去所有弱枝和细枝。春季，修剪一年生的枝条，至尽可能接近老的枝条框架，留下 2.5~5cm 长的枝条基部，新枝将会从这里萌发。如果枝条残桩已经过度拥挤，应该用 1 个小型修剪锯去除它们。

补救修剪

未经修剪的柳属植物往往杂乱不堪，枝条细弱、散乱，颜色也不好，还容易受到病虫害的侵害。不过这些问题都可以通过重度修剪来解决，修剪要分 2~3 年进行，或者彻底重整。冬季，修剪掉所有的老枝，尽量靠近老的枝条框架，必要时使用锯子。留下长 2.5~5cm 的树桩，新枝从树桩上长出来。晚春去除所有细弱枝条，彻底剪掉相互摩擦和交叉的树枝。

去除细弱枝。

成熟植株的常规修剪方案。

去除老枝。

■ 常规修剪
■ 除去枯枝和残枝

接骨木属

Sambucus

引人注目的枝叶、花朵和浆果使得接骨木属植物成为有价值的灌木和乔木，尤其是在庭院混合边界和林地风格的花园里。

修剪目的
促进植物的枝叶新鲜迷人

修剪建议
修剪花蕾，防止植物枯死

修剪季节
冬季

相同修剪方式的植物
- 红瑞木：仲春修剪
- 欧洲红瑞木：仲春修剪
- 柳属：仲春修剪
- 西洋接骨木：冬末修剪
- 总序接骨木：冬末修剪

常用工具
- 手剪
- 长柄修枝剪
- 修枝锯

塑形修剪

修剪接骨木植株，促使其长成多枝结构，并在接近地面的地方长出强壮的枝条。种植后的冬季或早春，要把植物剪短至剩约 15cm，同时，去除所有细弱的枝条，以促进植物的基部长出新枝。

常规修剪

想让接骨木属植物长出吸引人的枝叶，每年都需要对成熟的接骨木进行定期修剪。去除老枝，鼓励新枝生长，并修剪细弱枝条。冬季，修剪一年生的枝条，至尽可能地靠近老的枝条框架，只留下 2.5 ~ 5cm 长的枝条，新枝就从这上面长出来。或者，去除较老的生长枝，将一年生的枝条剪短约 1/3，如果老枝的基部变得过度拥挤，可以用 1 个修枝锯把它们锯掉。

补救修剪

如果不修剪，接骨木属植物就会变得高大，而基部会变得光秃秃的，还会长出一大堆细弱、散乱的枝条，叶片大小和颜色也会受影响，可以通过重度修剪来解决，其中包括将植物完全砍掉。冬季，把所有的老枝都剪掉，尽可能地靠近老的枝条框架，必要时使用锯子，留下 2.5 ~5cm 的枝条，新枝就会从那里长出来。晚春，去除所有细弱的枝芽。

成熟植株的常规修剪方案。

去除细弱枝。

修剪老的拥挤的枝干。

去除枯死和受损的枝条。

■■ 常规修剪
■■ 除去枯枝和残枝

尖绣线菊

Spiraea 'Arguta'

顽强的尖绣线菊因为经常大量开花，以至于叶子上犹如覆盖了一层泡沫，使这种植物有了一个好听的名字——五月的泡沫。

修剪目的

控制植物的生长高度，促使植物生长茂密

修剪建议

在新芽萌发前就开始修剪，这样就不会错过来年的开花期。使用弧形修枝器，因为砧式修枝器很容易折断枝条

修剪季节

初夏

相同修剪方式的植物

- 双盾木属：仲夏或花后修剪
- 连翘属：春季中晚期或花后修剪
- 棣棠花：晚春或花后修剪
- 小花绣线菊：初夏或花后修剪
- 粉花绣线菊：早春修剪
- 菱叶绣线菊：晚春或花后修剪
- 锦带花：仲夏或花后修剪

常用工具

- 手剪

塑形修剪

修剪幼小的尖绣线菊，促使其生长茂密，在接近地面处长出强壮的新芽。种植后，去除所有老枝，并把剩下的枝条剪短约 1/2，以促进植物从基部长出新枝。

常规修剪

如果想要开花良好，需要每年对尖绣线菊进行定期修剪，以去除会逐渐积累的老枝，并促进新的开花枝长出。初夏，将老的开花枝尽可能地剪至近地面，以便在第二年形成良好的开花效果。老的开花枝至少要剪短 1/2，至刚好在 1 个健康的芽或 1 根位置合适的新侧枝的上方。可以通过每年去除大约 1/4 的老枝，让阳光进入植物内部，并为新枝的生长腾出空间。

补救修剪

尖绣线菊会随着生长变得浓密和拥挤，尤其是未经修剪的情况下，枝条会变得细弱、松散，花朵变小，也易受病虫害的侵害。这些现象可以通过分步完成重度修剪来解决，而不是简单地将植物完全砍掉。初夏时留下三四根强壮的枝条，将其余的枝条修剪至离地面 5~7cm，以促进新枝的生长。第二年，去除所有细弱的枝条，并剪掉靠近地面的三四根老枝。

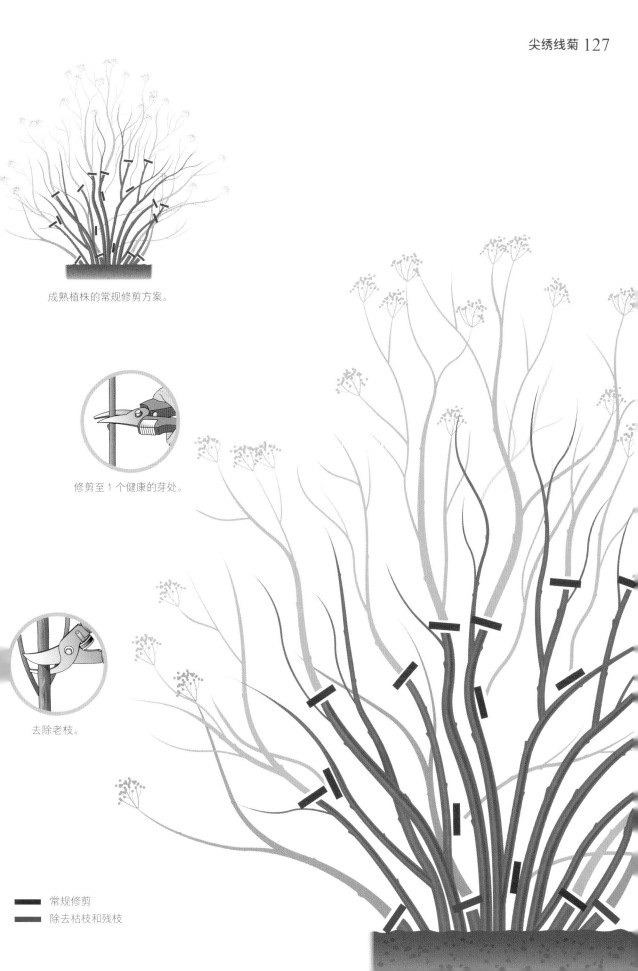

成熟植株的常规修剪方案。

修剪至 1 个健康的芽处。

去除老枝。

━━ 常规修剪
━━ 除去枯枝和残枝

丁香属

Syringa

丁香属植物可以在晚春带来令人难忘的美景。它们是易于生长的灌木，特别适合种植在城市花园中。

修剪目的

促进植物开花和新枝的生长

修剪建议

大多数丁香会在前一季的枝条上孕育花蕾。如果你想摘除正在凋谢的花朵，一定不要损坏新枝，因为新枝会孕育出来年的花朵

修剪季节

仲夏

相同修剪方式的植物

• 欧丁香及其变种：仲夏，花后修剪
• 杂交丁香：仲夏，花后修剪
• 早花丁香：仲夏，花后修剪

常用工具

• 手剪
• 长柄修枝剪

塑形修剪

修剪幼小的丁香属植株，促使其生长茂密，在接近地面处长出强壮的新枝。种植后，去除所有老枝，把剩下的枝条剪短约 1/2，以促进植物生根的时候从基部长出新枝，这些新枝可以被修剪成一个支撑结构的框架。种植后的第一个春季，应剪掉所有细弱和受损的枝条，同时修剪主枝的顶端，每个端部削去约 1/3。

常规修剪

丁香属植物并不需要通过每年定期修剪来促进开花，但应当修剪长而散乱的枝条和大量光秃秃的枝干。开花后，应把老花枝剪至 1 对结实的花蕾处，这将会给枝条最长的生长期，以便植物开出最好的花朵。最后，把所有细弱的枝条剪至剩 1 对强壮的芽。

补救修剪

如果不修剪，丁香属植物可能会杂乱无章，长满大量光秃秃的枝条，这种情况可以通过重度修剪来解决。冬季，剪掉约 1/2 的老枝至离地约 45cm，并去除所有细弱和不想要的枝条。第二年，应剪掉所有细弱的新枝，并去除前一年遗留下来的所有老枝。丁香属植物有时会被嫁接到砧木上，这种情况下，当不定芽长到 30cm 长的时候就应该把它们拔至靠近主根的地方，因为未嫁接的丁香属植物的不定芽可以用来恢复灌木的活力。

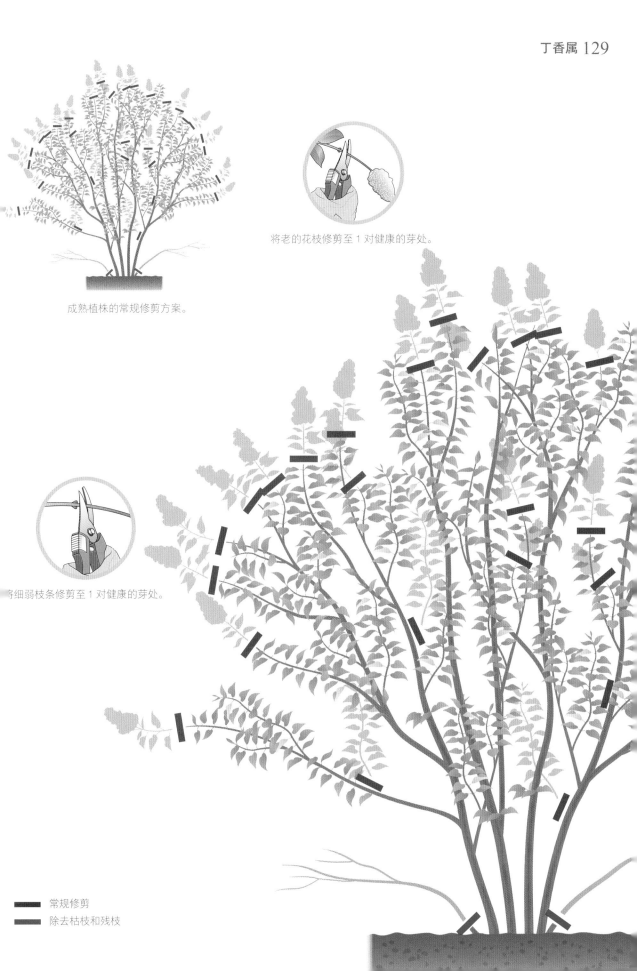

成熟植株的常规修剪方案。

将老的花枝修剪至 1 对健康的芽处。

将细弱枝条修剪至 1 对健康的芽处。

常规修剪

除去枯枝和残枝

红豆杉属

Taxus

耐寒、长寿、常绿的红豆杉属植物通常作为独立的园景树时会特别有价值，同时，它们也是极为适合做绿篱和背景的植物。

修剪目的
促进植物生长均匀、平衡，去除受损的枝条

修剪建议
不要在深秋修剪，因为幼苗会被霜冻损伤

修剪季节
仲春或晚春

相同修剪方式的植物
- 红豆杉属：仲春或晚春修剪
- 崖柏属：仲春或晚春修剪，不能承受补救修剪
- 铁杉属：仲春或晚春修剪，不能承受补救修剪

常用工具
- 手剪
- 长柄修枝剪
- 修枝锯

塑形修剪

幼小的红豆杉属植物只需要轻度修剪，就能发展成多枝植物，形成一个均衡的株型框架。晚春，去除所有受损的枝条，剪掉所有向植物中心部位生长的嫩枝，并将剩余的枝条轻轻剪短约 1/3。然后，把生长旺盛的枝条剪掉约 1/2，以保持枝条生长均匀和平衡。

常规修剪

红豆杉属植物可以耐受修剪整形，因此其通常被认为是绿篱植物。但是，如果可能的话，最好是用手剪把选定的嫩枝剪掉，而不是砍掉整株植物。剪掉粗壮的枝条，以平衡植物的生长和形状。然后至少剪短约 1/2 长度的强壮枝条，至刚好在 1 个健康的芽或 1 根合适位置的侧枝上方。最后去除植物中心部位所有细弱的枝条和所有被晚霜损坏的新枝。

补救修剪

随着株龄的增长，红豆杉属植物每根枝条的顶端生长速度会逐渐减缓，植物整体尺寸的增长也会减慢。同时，它们可能变得光秃秃的，基部散乱，枝条也可能会展开，留下 1 个间空较大的中心部位。晚春，应把所有的枝条剪至离地面 45~60cm，并将所有侧枝剪至离主干约 2.5cm。夏季，去除所有细弱及过度生长的枝条。

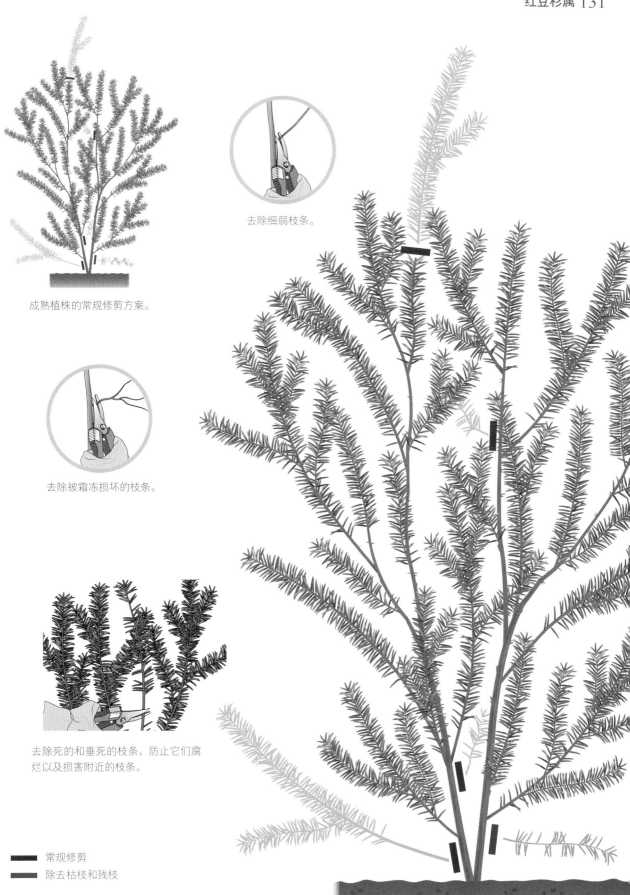

去除细弱枝条。

成熟植株的常规修剪方案。

去除被霜冻损坏的枝条。

去除死的和垂死的枝条，防止它们腐烂以及损害附近的枝条。

▬ 常规修剪
▬ 除去枯枝和残枝

越橘属

Vaccinium

越橘属植物是石楠属和马醉木属植物的近亲，它的花和果实具有很强的观赏性，落叶类型的叶片也有着吸引人的色彩。

修剪目的
保持植物的健康和活力，促进果实生长

修剪建议
对于地被植物，使用剪刀进行轻度修剪

修剪季节
冬末

相同修剪方式的植物
• 茶藨子属：冬末修剪
• 矮丛越橘：冬末修剪
• 高丛越橘：冬末修剪

常用工具
• 手剪
• 长柄修枝剪

塑形修剪

修剪幼小的越橘属植株，促使其生长茂密，以使植物在接近地面处长出强壮的新枝。种植后，去除所有细弱和受损的生长枝，并将剩余的枝条剪短约1/2，以促进植物基部新枝的生长。

常规修剪

为越橘属植物修剪1个紧凑、茂密的框架，以培育新枝，防止植物基部裸露。冬末，修剪所有长而有活力的新枝，并去除所有密集的枝条。

补救修剪

随着株龄的增长，越橘属植物会变得过于密集，产生很多纤细、脆弱、散乱的枝条，花朵也变得又小又少。这可以通过重度修剪来解决，但同时也会损失下一个季节的花和果实。冬末或早春，将强壮的新枝剪至离地面10~15cm处，并剪掉所有细弱的枝条，以促进新枝的生长。

成熟植株的常规修剪方案。

修剪生长过于粗壮的枝条。

去除生长过于密集和交叉的枝条。

常规修剪

除去枯枝和残枝

荚蒾属（落叶品种）

Viburnum

落叶品种的荚蒾属植物是小型花园里的理想选择，它的叶片、花朵和果实可以全年为花园提供迷人的风景，同时还易于种植。

修剪目的
使植物具有良好的平衡性和开放性，同时促进新枝的生长

修剪建议
如果想要欣赏果实的话，不要修剪掉枯萎的花朵

修剪季节
冬末

相同修剪方式的植物
- 红蕾荚蒾：冬末修剪
- 齿叶荚蒾：冬末修剪
- 荚蒾：冬末修剪
- 香荚蒾：冬末修剪
- 朱迪荚蒾：冬末修剪
- 欧洲荚蒾：冬末修剪
- 三裂荚蒾：冬末修剪

常用工具
- 手剪
- 长柄修枝剪
- 修枝锯

塑形修剪

让落叶品种的荚蒾属植物自然发育，只有为了防止其生长不平衡时，才需要进行修剪。种植后，剪掉所有细弱和受损的新枝，以及部分生长过于旺盛的新枝。

常规修剪

有些人种植荚蒾属植物是为了观赏其浆果，但要十分注意的是，如果摘除枯花，荚蒾就无法长出果实。对荚蒾进行修剪的目的是控制其大小，以及去除逐渐增加的老枝，从而促进新开花枝的生长。荚蒾需要光照，所以每年要剪掉大约 1/5 的老枝，以便让阳光照射进来，为新枝腾出生长空间。为了减少彼此摩擦，应剪掉所有细弱的新枝和拥挤、交叉的枝条。

补救修剪

如果长时间不加修剪，落叶品种的荚蒾属植物会生长得过于密集、茂密，从而产生大量细弱、散乱的枝条。这样不仅色泽难看，而且还容易受到病虫害的侵害，可以通过重度修剪来解决这些问题。晚春时，将所有的老枝剪至靠近地面的位置，必要时可以用锯子将主干砍掉，仅留下 2.5~5cm 长，在切面上方会重新长出新枝。夏季，去除所有细弱的新枝。

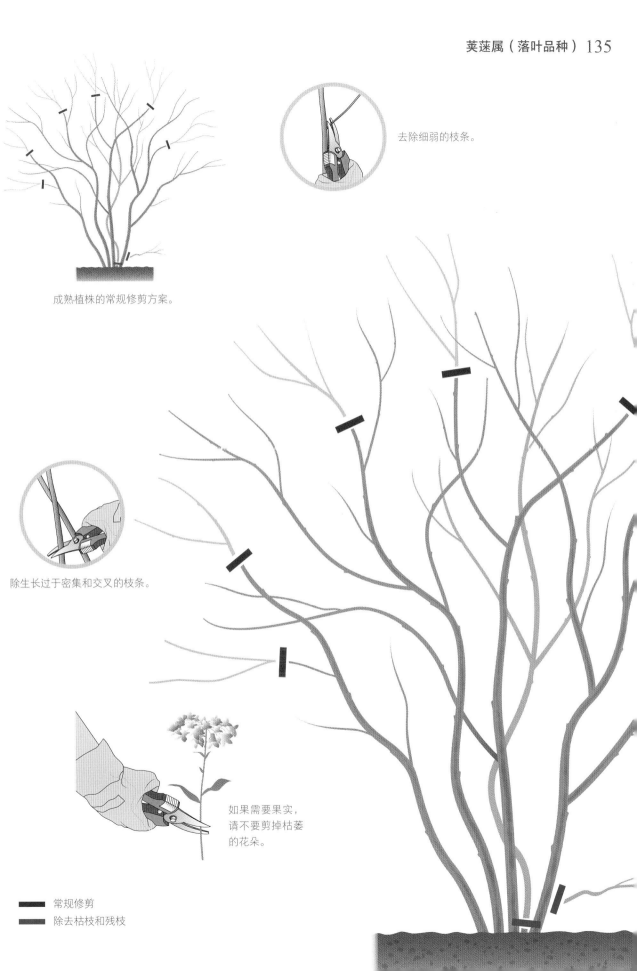

去除细弱的枝条。

成熟植株的常规修剪方案。

除生长过于密集和交叉的枝条。

如果需要果实，
请不要剪掉枯萎
的花朵。

常规修剪

除去枯枝和残枝

荚蒾属（常绿和半常绿品种）

Viburnum

常绿和半常绿品种的荚蒾属植物叶片光滑翠绿，为其芬芳的花朵提供了秀丽的背景。

修剪目的

使植物具有良好的平衡性和开放性，同时促进新枝的生长

修剪建议

密切关注不定芽的生长，如发现，应尽快将其剪掉

修剪季节

初夏或仲夏

相同修剪方式的植物

- 桦叶荚蒾：春季，花后修剪
- 刺荚蒾：夏季，花后修剪
- 川西荚蒾：夏季，花后修剪
- 皱叶荚蒾：夏季，花后修剪
- 地中海荚蒾：夏季，花后修剪

常用工具

- 手剪
- 长柄修枝剪
- 修枝锯

塑形修剪

修剪常绿和半常绿品种的荚蒾属植物的目的是使其在接近地面处长出强壮的新枝，从而长成多枝植物。种下后的春季，可以轻度修剪，每根枝条剪短约 1/3 即可，这样会促进植物更加矮壮、茂密。然后将生长过于旺盛的新枝剪短约 1/2，使植物生长得更加均匀平衡。

常规修剪

常绿和半常绿品种的荚蒾属植物不需要定期修剪就可以保持良好的生长，但如果想要植物表现得更好，最好能对生长旺盛的新枝进行修剪，这样可以使其发育和外形更加均衡。开花后，将枯萎的花簇剪至 1 个强壮的芽处。需要十分注意的是，如果将其枯花摘除，荚蒾就无法长出果实。对于生长过于旺盛的新枝要剪短至少 1/2，直到刚好在 1 个健康的芽或 1 根位置合适的侧枝上方。同时去除植物中心部位长出的所有细弱新枝。

补救修剪

随着株龄的增长，常绿和半常绿品种的荚蒾属植物会变得十分密集，而开花却越来越少，底部通常变得光秃、杂乱。因此，春末时应将其主枝剪至离地面 30~60cm，并剪掉所有细小、密集和交叉的新枝。

成熟植株的常规修剪方案。

去除生长过于强壮的枝条。

去除枯萎的花朵。

去除细弱的新枝。

███ 常规修剪
███ 除去枯枝和残枝

葡萄属

Vitis

如果想要秋季的花园色彩缤纷，那么葡萄属植物是值得种植的攀缘植物之一。这种旺盛植物的叶片会在掉落之前变成鲜亮的红色、深红色或亮紫色。

修剪目的
使植物生长均衡，控制生长，促进果实发育

修剪建议
在冬季或当植物枝叶茂盛时进行修剪，以减少过度"出血"的可能性

修剪季节
冬末

相同修剪方式的植物
- 山葡萄及其变种：冬末，汁液开始上升之前
- 毛葡萄及其变种：冬末，汁液开始上升之前
- 葡萄及其变种：冬末，汁液开始上升之前

常用工具
- 手剪
- 长柄修枝剪

塑形修剪

对葡萄属植物的幼苗进行修剪，促进它们在靠近土壤上方处长出强壮的嫩枝，从而形成整体结构。种植后的第一个冬季，去除所有细弱和受损的新枝，将其余枝条剪至离地约45cm的强壮、健康的枝条处。选择三四个强壮的新芽，培养成为整株植物的支柱。第二个冬季，把这些新枝剪短约1/4，再把它们培养成支柱。最后将所有细枝修剪至剩一两个芽，并将弱枝全部去除。

常规修剪

用葡萄属植物强壮、健康的枝条组成框架，以促使其长出更多健康的枝条。成熟的葡萄属植物也要修剪，以保证它们处于规定生长的区域内。冬末，应剪短主干，至需要的高度，并绑在相应的支撑物上。修剪侧枝，每枝保留两三个芽即可。为防止过度密集，可剪掉所有多余的枝条。夏季，剪掉拥挤和靠近地面的老枝，为新枝腾出生长空间。

补救修剪

随着葡萄属植物的衰老，老枝往往会和新枝缠绕在一起，过度拥挤并导致枝条脆弱不堪，这时就需要进行重度修剪。冬季，可以将整个植株框架剪成三四根长约1m的主干，等植物恢复活力后，去除所有细弱的枝条，仅保留最多4根强壮和健康的枝条来重组框架，并培养它们至合适的位置。

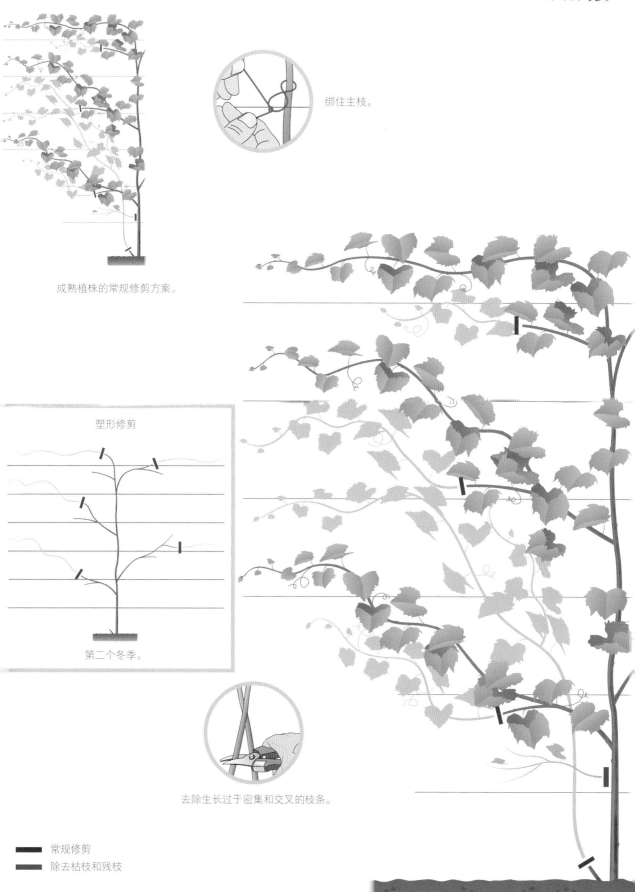

绑住主枝。

成熟植株的常规修剪方案。

塑形修剪

第二个冬季。

去除生长过于密集和交叉的枝条。

常规修剪

除去枯枝和残枝

锦带花属

Weigela

锦带花属植物是现代花园中十分受欢迎的灌木之一。它们很容易生长，可以在多年很少关注，甚至不关注的情况下依然保持生长良好。锦带花通常种植在连翘的旁边，因为它们会相继开花。

修剪目的

保持植物均衡的外形，促进生长茂密

修剪建议

建议使用弧形式手剪，因为砧式手剪容易压碎枝条

修剪季节

仲夏

相同修剪方式的植物

• 双盾木及其变种：仲夏，花后修剪
• 连翘及其变种：春季中后期，花后修剪
• 棣棠花及其变种：晚春，花后修剪
• 锦带花及其变种：仲夏，花后修剪

常用工具

• 手剪
• 长柄修枝剪

塑形修剪

对锦带花属植物的幼苗进行修剪，促使它们从地面处生长出强壮的新枝，从而生长得更加茂密。种植后，去除所有受损的新枝，并将剩下的枝条剪短约 1/2，以促进植物在生长期从基部长出新枝。

常规修剪

要想花开得好，锦带花属植物需要每年进行定期修剪，以去除逐渐累积的老枝，促进新开花枝生长。老的开花枝至少要剪短 1/2，至 1 个健康的芽或 1 根位置合适的侧枝上方。然后去除或剪短生长过于旺盛的新枝，因为它们会破坏植物整体的造型。每年应剪去大约 1/4 的老枝，好让阳光照射进来，为新枝腾出生长空间。

补救修剪

时间久了，锦带花属植物就会变得茂密、拥挤，枝条变得纤细、脆弱而杂乱，花也开得少了，特别是在疏于修剪的情况下，这时可以通过重度修剪来修复。早春时分，将老枝剪至离地 5~7cm，促进新枝替换老枝。仲夏，应去除所有细弱的枝条，修剪剩下的三四根老枝，至接近地面处。

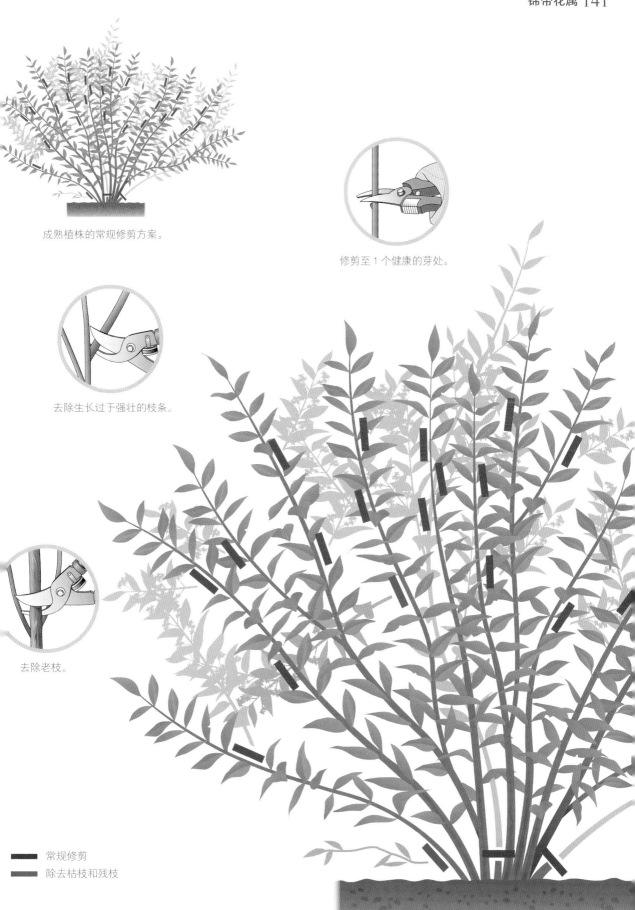

成熟植株的常规修剪方案。

修剪至 1 个健康的芽处。

去除生长过于强壮的枝条。

去除老枝。

■ 常规修剪
■ 除去枯枝和残枝

紫藤属

Wisteria

很少有比成熟的紫藤属植物盛开时更令人印象深刻的景色了。拖曳摇摆的花簇呈现出艳丽的风情，是春末或夏季花园中的一大亮点。

修剪目的

为悬垂的硕大花朵创造 1 个稳固的支架

修剪建议

修剪前仔细观察植物，并且确定到底什么是你想达到的目标。修剪时勇敢且果断，紫藤很少因修剪受伤

修剪季节

冬末和仲夏

相同修剪方式的植物

• 藤萝及其变种：冬末和仲夏，花后修剪

• 多花紫藤及其变种：冬末和仲夏，花后修剪

• 美丽紫藤及其变种：冬末和仲夏，花后修剪

• 紫藤及其变种：冬末和仲夏，花后修剪

常用工具

• 手剪

• 修枝剪

塑形修剪

种植后，将紫藤属植物的主干绑在木桩上，从顶部开始修剪，至 1 个健康的芽处，离地约 1m 即可，并去除所有侧枝和侧芽。第一个夏季，将主干继续垂直绑在木桩上，然后选择 2 个强壮的分枝，呈 45° 绑好。修剪侧枝至约 15cm 长，并去除所有从基部发出的新枝。第一个冬季，将主干顶部剪短至分枝上方约 1m 处，拉下之前呈 45° 的分枝，绑成水平方向，并剪短约 1/3。第二个夏季，把主干顶部和水平分枝按其生长的位置绑好，将侧枝剪至剩三四个芽，然后选择另外一对分枝，呈 45° 绑好，随后再次去除所有基的新枝。第二个冬季，如同上个冬季的修剪，剪短顶部，绑好新分枝，将所有分枝剪短约 1/3。维持这些操作顺序，直至可用的空间都被覆盖为止。

成熟植株修剪

一旦所需空间被填满，就需要对紫藤属植物进行修剪，这是为了抑制其扩散和长出更多的开花枝。如果不加以修剪，植物就会快速扩张，枝条很快就会缠作一团。每到夏季，就必须对其进行修剪，以便来年更好地开花。修剪得越频繁，开花枝就越密集。而夏季一旦开花结束，专业的种植者就会每两周将枝条修剪至约 15cm 长。冬季修剪时，每个花枝会被剪短至保留两三个芽，此时，饱满的花芽和扁平的枝芽很容易区分，这让花园主人能够很好地预料下一季的开花潜力。

塑形修剪

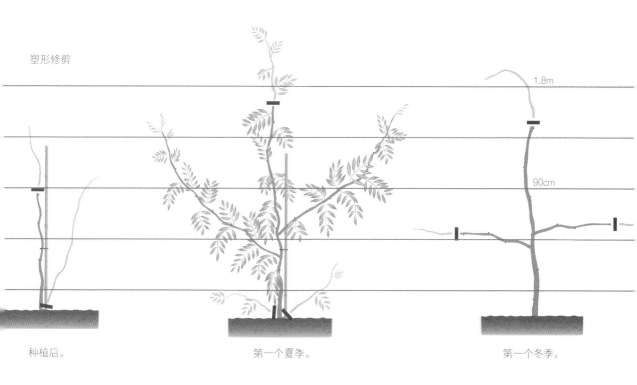

1.8m

90cm

种植后。

第一个夏季。

第一个冬季。

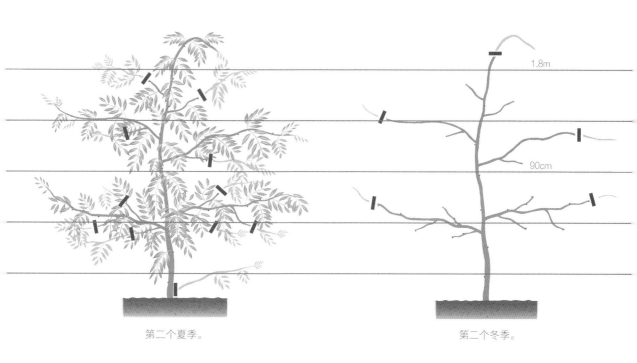

1.8m

90cm

第二个夏季。

第二个冬季。

常规修剪

　　夏季修剪在开花全部结束后，将所有新枝剪至离主枝约 15cm，或保有 4 ~ 6 片叶子的位置。随着时间的推移，反复修剪这些枝条会让花枝更加茂密，到了春季和初夏时就能大量地开花。

━━━　常规修剪

绑住新枝。

冬季修剪

当植物在冬季处于休眠状态时，将花枝剪至离主枝 7~10cm，每枝上留两三个芽。花芽饱满、深色、具微毛，此时很容易与扁平的枝芽区分。

特殊专栏

本章包括绿篱修剪、翻新修剪和低维护修剪等专题内容，还讨论了更多专业的修剪技术，如树冠修剪、编结和造型等。

树木

在花园中种树，可以为花园带来稳定而长久的景色。在我们选择种植的植物中，树木可能是寿命最长的，因此，它们也往往被认为是不需要养护就可以生长得很好的植物。

在花园中，一棵树可以起到多种作用，包括提供阴凉和庇护，或展现诱人的花、叶、果实等。想要实现这些需求，我们还要对其加以管理。树木在冬季会长出迷人的嫩叶和颜色亮丽的嫩枝，因此需要进行定期修剪，来突出其最引人注目的特征。甚至只进行常规修剪，如去除生病和受损的枝条，就可以大大延长一棵树的寿命。在一年中正确的时间对某些树木进行修剪，还有助于使它们保持健康与强壮。

大多数落叶树种需要在冬季休眠期间进行修剪，但对某些特定树木来说，此时修剪却不是个好的选择，如槭属、桦属、胡桃属植物在冬末或早春进行修剪，就会流失大量的树液。例如樱桃等李属的树木通常在夏季进行修剪，以防发生真菌病。特别是银叶病，这种病在植物生长季节较少流行。

塑形修剪

在出售植物之前，苗圃中通常会对观赏树木进行塑形修剪。从苗圃购买来的幼树通常都已被修剪，因此它们可以长出笔直的枝干和疏落有致的枝条，从而形成能够持续一生的结构框架。

一些植物较难培养，特别是叶片和芽沿枝干成对排列的植物，例如槭属、七叶树属和梣属，因为它们经常分叉并发育成两个

打造独干树
在种植后，去除最低处的树枝，并修剪掉与主干竞争的所有顶芽。

随着树木的生长，去除主干下方的枝条，并将上方紧挨着的枝条剪短至约10cm。

随后的几年重复此过程，去除最低处的枝条，缩减上方相邻枝条的长度，待到来年再将其完全剪掉。

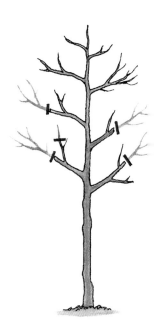

随着树木顶端的生长，修剪枝条，保证植物结构平衡。

选择多干造型来丰富花园。很多树种和大型灌木，如果作为多干植物培养，外观会更加漂亮。

主要枝干。问题会在几年后显现，到时枝条会裂开，形成巨大的伤口并严重破坏树的结构，还很有可能引起真菌疾病导致腐烂。

在前三年中，对有树荫、能开花的落叶树木进行修剪，目标是形成清晰的主干和开放、平衡的枝条框架，重要的是使每根枝条都有足够的生长空间和光线，从而不会相互竞争、产生摩擦。

在晚春和初夏，去除所有树冠下方的树干上长出的芽，因为它们会和主干形成竞争。修剪掉约 2/3 或彻底去除掉树冠上生长过于茂密、相互竞争的枝芽，防止枝条交叉、摩擦。经常修剪向外生长的枝芽，这样新枝就不会长回枝丛的中心部位。

打造多干株型
树木生长一年，然后再将主干砍至地面以上约 15cm。

促使长出三四根强壮的枝条。

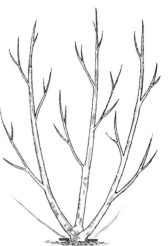

随着新枝发育形成强壮的枝干，去除植物基部出现的所有细弱的枝芽。

常规修剪

许多成熟的观赏树木和遮阴树木几乎不需要太多修剪，只要稍微修剪一下枝条，保证树冠开放整洁，以及树干下部清爽即可。实际上，过度修剪反而会刺激树的生长，导致汁液丰富的徒长枝大量出现。这些徒长枝如果没有及时修剪，之后再修剪时就会给树干造成伤害，留下疤痕。

随着树木的成熟，它可能会形成拥挤的树冠，其中充斥着很多柔韧的细树枝。为了使光线和空气进入树的中心部位，需要细化一些树枝。另外，随着树枝的老化，某些树枝会趋向于垂至地面，且一些较低的树枝需要剪短或完全去除。有时，一根大树枝可能会破坏整棵树的平衡和形状，因此，也需要进行修剪。

到春末或初夏，修剪掉所有已经枯死、垂死、患病和受损的树枝。在树木生长时修剪比在植物休眠的冬季时修剪要更容易看到效果。去除所有枝条和根上长出来的不定芽，并修剪掉与枝干齐平的水芽，然后剪掉或剪短所有交叉和过度拥挤的树枝，并剪短所有会破坏树冠平衡的大树枝。

去除枝条

有时，必须从成熟的树中修剪掉较大的树枝。这些树枝可能很重，为安全起见，应分几部分将其卸下。

有一个方法可以确保修剪大树枝时的安全——在进行最终切割之前，先减少枝条的重量。尽管这样需要多次切割，但好处是锯子不会被夹在修剪的切口之中，而且树枝被部分锯开时不会撕裂掉到地上，以致伤到树干。

与其在靠近树干处直接切下树枝，不如在树枝的底侧，顺着树枝离开树干的方向留适当距离再进行底切。

然后在树枝上端进行第二次切割，这次切割的位置要比第一次的稍远一点，切口与第一次的平行。当第二次切割到达第一次切割重叠的位置时，树枝就会沿着纹路断裂并落下，这种技术被称为"跳跃剪切"。最后，去除树枝与树干相连处的剩余部分，在此处修剪可以使切割树枝导致的创伤快速愈合。

常规修剪
对于大多数独干树木来说，需去除所有在树干上长出的枝芽，并剪掉任何穿过树冠的枝条。

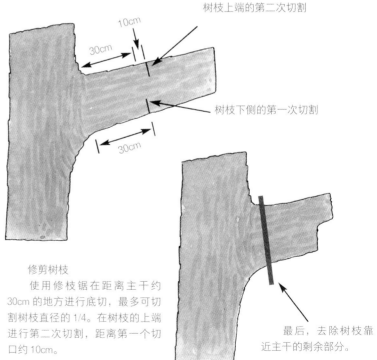

树枝上端的第二次切割

树枝下侧的第一次切割

修剪树枝
使用修枝锯在距离主干约30cm的地方进行底切，最多可切割树枝直径的1/4。在树枝的上端进行第二次切割，距离第一个切口约10cm。

最后，去除树枝靠近主干的剩余部分。

大多数成熟的树木几乎不需要修剪，只需去除所有不整齐的枝条，并保持树干底部干净即可。

补救修剪

树木可能会因为长得过大而挤占了其他植物的生长空间，也可能被恶劣的天气所损伤，或者因为树龄过大而变得不安全，所以有时有必要将其彻底拔除，然后再种一棵新树。尤其是在考虑到安全性时，更换可能是唯一的选择。

只有那些不算太老和比较安全的树才值得补救修剪。成熟的树木最好在数年内进行全面的修剪。同时，在重度修剪之后的一年，健康的树木可能会长出大量汁液丰富的新枝，需要对其疏剪。此类修剪还可能会刺激树木长出徒长枝，必须去除这些徒长枝，以将树的养分集中到其生长需要的区域，如枝条框架。

冬季，首先要修剪掉所有交叉和摩擦的枝条，或剪短其长度。去除所有拥挤的枝条，以平衡树的框架。在开始补救修剪后的第二年，应疏剪新枝，以防止拥挤。确定形成树冠框架所需的枝条，去除出现的徒长枝。

简单地说，就是使用合适的锯子，在距树干约 30cm 处进行底切，最多切入树枝直径的 1/4。在树枝的上端沿着树枝远离树干方向多 10cm 处进行第二次切割，最后去除靠近树干的剩余枝干。

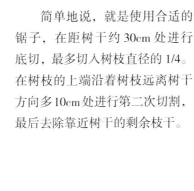

后续修剪
去除所有在旧的修剪部位又长出的强壮的新枝芽。

标准树

尽管苗圃提供了多种类型的树木，但许多花园中最流行的仍然是标准树，这种树具有清晰、裸露的主干，即离地 2m 以内没有枝条。

从苗圃或园艺中心可以很方便地买到这种树。但是一些园丁喜欢购买约 1.5m 高的幼小植物来创造自己的标准，这给其带来了挑战和成就感。打造标准树需要不同类型的修剪，必须在数年内分阶段进行，以构建树干和形成树冠的枝条框架。将在幼树树干上长出的枝条分阶段去除，以促进树干自然增粗，从而可以支撑树冠。切勿等到这些枝条生长过大再修剪，以免在修剪时留下明显的伤口。

塑形修剪

在种植后的冬季或早春，去除所有与主干竞争的枝条，这样就可以形成结实、直立的主枝。在春末，将主干底部约 1/3 段的所有侧枝去除，切除时尽可能贴近树干。同时，将树中部约 1/3 段的所有侧枝减少约 1/2，剩下顶端约 1/3 段的枝条则任其自然生长。

到了栽种后的第二个冬季，将树中部约 1/3 段的所有侧枝完全去除，这些枝条在前一个春季回剪了 1/2。到了春季，再将树上部约 1/3 段的所有侧枝剪掉1/2。上部的新枝也剪掉约 1/2，只留下顶端的部分自然生长。每年重复进行这种去除底部枝条的程序，直到形成约 2m 高的光滑主干。

标准树的塑形修剪
种下一棵小树后，去除低处的枝条，并从树冠上切下受损的枝芽。

随着树木的生长，去除下部的树枝，并将该区域上方的树枝修剪为大约 10cm 长。

在接下来的几年中，有规律地去除低处的枝条，并逐步减少上面的树枝，以增强树干。

与真正的 2m 标准主干相比，这棵树的树干是其株高的约 3/4。

标准树干不是自然产生的，必须在树还很幼小的时候通过仔细修剪来创建。

针叶树

　　所有类型的针叶树都是花园的支柱树种，因为它们一年四季都能提供色彩和造型，最重要的是，它们几乎不需要养护。但是，与所有植物一样，需对它们进行认真的修剪，尤其是在早期。

　　大家倾向于将针叶树视为具有狭窄或针状叶片的常绿植物。但是也有例外，实际上有几种针叶树也在秋季落叶。如落叶松属、水杉和落羽杉属，它们有时被称为落叶针叶树，因为它们在秋季落叶，并会在第二年春季长出新的叶片。

　　大部分真正的针叶树每年都会经历两次生长高峰：第一次是春季的主要生长时期，第二次是夏末的次要生长时期，在生长期之前进行修剪，可使植物对所有塑形都能迅速做出反应。如果在其生长活跃时进行修剪，许多针叶树就会长时间"流血"，即从开放的修剪伤口中产生大量树脂。

　　一些直立和锥形的针叶树会自然形成许多枝条来保持形状。但是，随着生长年限的增长，这些植物的枝条可能会扩散和伸展，形成一个空隙较大的中心部位，从而失去魅力。这样的植物需要进行补救修剪。

塑形修剪

　　诸如冷杉属、云杉属和松属等针叶树的基本生长模式是沿着1个单一的中心芽间歇上地生长。有些针叶树在幼年时就形成坚硬而直立的中心芽，但另一些针叶树，它们的中心芽尖弯曲并下垂，仅在木质组织发育时才会在枝干下直立。此类针叶树应任其自然生长，只有在嫩芽损坏时才需要修剪。

　　一些针叶树会在树冠顶部附近形成第2个强壮的枝芽，而且这些枝芽可能会与主干竞争。此时要去除竞争者的顶端，以防止其形成叉状的枝芽，这可能会分裂并损坏树的结构。

　　到了晚春，去除所有和生长点竞争的强壮枝芽。如有必要，将所有能和主干竞争的枝芽全部去除，或者剪短约 2/3。

通过轻度修剪新生长的枝条，和削减与主干竞争的枝芽，来塑造针叶树的形状。

　　天生锥形或金字塔形的针叶树只需要最
低限度的修剪。通常，唯一要做的工作就是
修剪所有从主枝中伸展出来的枝芽。

针叶树有各式各样的树形和丰富多彩的叶色可供选择。大多数成熟针叶树的修剪仅限于清除已死、垂危和受损的枝条。

生长缓慢的针叶树具有蔓延、匍匐的生长模式，几乎不需要修剪。

常规修剪

针叶树所需的修剪最少，生长习性却是最好的。在花园中各种形状和大小的针叶树均可用，因此，如果所选植物具有良好的生长习性，植物成熟后几乎不需要进行常规修剪。当然，对成熟针叶树的修剪大多是为了修复可能影响植物形状、平衡或稳定性的损伤或不规则生长。但是，有时最终会形成主干或只是生长点的主枝被损坏或死亡，顶部树枝丛中的一根或多根枝将自然开始替换它。如果两根或多根枝条竞争成为主梢，则会出现问题。发生这种情况时，树冠可能会分叉，这是一个缺点，因为当树长大时就可能会裂开。

一旦发现需要更换主干，就可以从树的上部枝丛中选择位置最佳的强壮枝条，并开始整形修剪，使其垂直生长，以替换受损的主干。任何具有竞争性的枝芽都应缩减其长度的约1/3或完全剪掉，以在主干替换中建立自然

优势。

应该限制对成熟针叶树的修剪，只需去除被严重损伤、垂死和枯死的树枝，以及那些拖在地上或破坏植株自然形状的低矮树枝。尝试降低或限制直立的成熟针叶树的高度通常不能令人满意，而且往往会导致植物变得丑陋或受伤，因为上面的一些枝条可能会与主干形成奇怪的生长角度。发生这种情况时，最好直接换一棵新树。

在早春，去除所有枯死、垂死、患病和损坏的树枝。轻度修剪有活力的芽尖，以鼓励分枝并保持生长平衡。几乎没有必要对松属植物进行修剪，但是通过手动折断柔软的嫩枝长度的约2/3，可以促进其更茂密地生长。

补救修剪

少数针叶树可以从老的枝干上长出新枝，但它们对补救修剪反应不佳。应该挖出所有老的、受损和被忽略的针叶树，然后更换它们。但是，红豆杉属植物对重度修剪的反应良好，可以成功进行修复。崖柏属植物也可以进行重度修剪，但不会从裸露的枝干中萌芽。

针叶树有各种各样的形状和习性，有的生长缓慢，有的充满活力。一些受欢迎的类型如同灌木一样，具有蔓延和低伏的生长模式。许多生长缓慢的针叶树几乎不需要修剪，除非植株受损，或者必须去除树叶或枝叶。这些植物和所有常绿植物一样，在夏季会脱落一些老叶，并且枯叶通常会在现有的枝叶中积聚。随着枯叶的堆积，会开始发酵和腐烂，传染给附近的较幼嫩的枝叶，使植株部分变成褐色并死亡。每年夏季至少检查一次，检查植物并清除脱落的叶子，以防止此类损坏并减少修剪的需要。当叶片干燥时，应经常修剪枯枝，以免传播真菌疾病。

有时，矮小的针叶树试图通过长出快速生长的或大型的枝条来恢复成为标准的尺寸。必须清除这些生长失控的枝芽，否则这类矮化树种将很快充斥着快速生长的变异枝条。

针叶树的常规修剪通常应回切至每个侧枝的生长点，以促进分支。

绿篱

绿篱在我们的花园中起着至关重要的作用，除了可以作为边界，还为其他植物和特征提供了背景，有助于花园布局，甚至成为可用于隐藏或划分花园不同区域的屏障。

从许多方面来说，绿篱是人工创造的自然景观屏障。绿篱中的个体不允许有独特的形式和生长习惯，应对其进行集体处理以实现特定目的。修剪可以使不同的植物成为一个整体。经常修剪柔软的新枝而不是像大多数标本植物那样定期修剪木质枝干，这会使植物以特定的方式生长。对于园丁而言，许多落叶和常绿的乔木和灌木会对这种频繁的修剪做出反应，从而生长得更加均匀、茂密。

绿篱修剪只是一种不同类型的修剪，以某种方式达到特定的目的。适用于修剪单个植物的一般原则同样也适用于绿篱。绿篱不仅分为规则式和自然式两个主要类别，还有第三种类型，即"挂毯"或混合绿篱。

传统意义上，通常使用低矮的规则式绿篱在花园中形成分隔。它们需要定期的维护，但其装饰效果值得付出努力。

用高度不一的紧密修剪的绿篱营造阶梯效果，让人们对正式花园充满兴趣。

蔷薇果和浆果。其修剪的时间可能需要稍作调整，让五颜六色的果实在展示结束之前不会被剪掉。

"挂毯"绿篱

修剪第3类绿篱可能很复杂。这些绿篱由1种以上的植物组成，这些被选择的植物在随季节变化时能提供充分的视觉吸引力。其中可能是不同开花时间、叶片颜色和质地的混合，或者是常绿和落叶品种的组合。无论生长在何处，这种绿篱本身都会成为一种特征，并为花园提供丰富多彩的背景。

混合绿篱修剪时会出现复杂的问题，因为没有两种植物具有完全相同的习性和生长速度。因此，必须采用与那些单一物种的绿篱稍微不同的修剪技术、方法和时间安排。

为了使生活更轻松，如果要种植新的"挂毯"绿篱，请选择具有相似生长速度的植物，否则更有活力、长得快的植物将侵占较弱植物的生长空间，最终破坏整个绿篱。考虑周全的植物选择可以同时拥有规则式和自然式的"挂毯"绿篱。

规则式绿篱

需要定期进行修剪以限制生长和保持形状的绿篱被称为规则式绿篱。它们通常是由单一品种组成的，例如红豆杉属或水青冈属植物。它们在规则的环境中或在具有对称或几何形状的花床和边界的花园中，为观赏植物和装饰特征提供了完美的背景。从多方面来看，这些绿篱与修剪的距离只有一步之遥。事实上，绿篱的形状经常作为兴趣点在修剪中组合在一起。

自然式绿篱

自然式绿篱可能只包含1个品种，而且很可能会在乡村花园中被找到，或者在种植风格轻松

且有着形状和位置不规则的花床和边界的花园中被发现。自然式绿篱的修剪方式和时间取决于构成绿篱的树种和开花时间。一般而言，自然式绿篱的修剪强度要低于规则式绿篱，因为需要控制修剪，以鼓励植物开花。通常在开花后不久对其进行修剪，去除带花枝的老枝条，以促进新枝的生长。修剪有限意味着一年中的某些时间这种绿篱可能看起来不太整齐。但是，对于许多园丁来说，这点缺陷无足轻重，因为这样可以使工作量大大减少，从而轻松实现和维持具有吸引力的绿篱。

规则式和自然式绿篱中的某些植物可能会产生果实，例如野

塑形修剪和整形

绿篱生长的成功与否通常取决于在种植后的前2~3年进行到的修剪。早期修剪对于任何绿篱或防风林都是至关重要的，修剪的目的是保证底部和顶部的枝条生长分布均匀。以这种不自然的方式靠近在一起生长的植物往往会迅速地直立生长，因为它们会与其近邻竞争。缺乏早期塑形修剪可能会导致绿篱基部上形成难看的空隙，使其难以成为有效的背景和屏障。

多数绿篱植物都要在种植后立即修剪。这不仅可以刺激其生长茂密，而且还促使每棵植物相辅相成，形成统一的整体——绿篱。

根据所用品种及其生长习性，通常在种植后将植物修剪成原高度的约2/3。同时，将所有

与绿篱呈直角生长的强壮侧枝减少约1/2。该过程可每年进行1次，重复数年，以检查绿篱顶部和侧面的生长量。而后，多数新枝将在各个植物之间形成，迫使它们相互融合生长。

塑形修剪

第一年：种植后立即将落叶植物修剪回其原始高度的1/2~2/3，常绿植物和针叶树去除约15cm的枝条顶端。在仲夏至夏末时，随着新芽的生长，修剪掉所有生长过于旺盛的植物的生长点，并修剪掉所有与绿篱呈直角生长的枝芽，促使绿篱发育茂密并保持其中植物垂直生长。

第二年：冬季将所有新枝芽剪短约1/3，并剪短与绿篱呈直角生长的一切侧枝。随着新芽的生长，在春末和初夏轻度修剪它们，以使植物丛生并直立生长。修剪所有生长活力旺盛的植物的生长点，以防止它们侵犯邻近的植物。

常规修剪

经常修剪幼枝会让绿篱的整个表面都覆盖有新枝。如果绿篱造型良好，大多数树种在基部的宽度将不超过1m。修剪时，控制绿篱的宽度非常重要，因为绿篱越宽，就越难修剪整齐。绿篱过宽也会占用其他更有趣的品种所需的花园空间。

如果有1个规则式绿篱，有2种形状可以选择。一种是从底部到顶部的宽度相同，另一种是顶部比底部要窄。后者形成的倾斜角度被称为坡度，在实际应用时也很美观。倾斜的侧面不仅使篱笆切割更加容易，而且使篱笆

塑形修剪
第一年：种植后立即将植物重度修剪。

第一年夏季中旬至夏末：随着新芽的生长，修剪那些与绿篱呈直角生长的枝芽。

第二年冬季：将新芽剪短约1/3。

第三年春季和夏季：修剪新芽并切断所有生长旺盛芽的生长点。

的整个表面都暴露在阳光下，这有助于使其保持良好的生长。

在寒冷地区，降雪可能是个问题，尤其是当绿篱是由常绿植物组成的时候。树叶顶部的积雪会使树枝张开，甚至折断，对植物造成相当大的损伤，梯形的绿篱受到的影响可能较少。

修剪绿篱时，通常从底部开始向上工作，可以使修剪变得更加清晰，而不会在下一个要修剪的区域中缠绕在一起。如果使用的是机械绿篱修剪器，那么在一系列类似弧形的修剪动作中，将切割边缘与绿篱保持平行，会更容易向上修剪。

裁剪和整形

一旦绿篱达到所需高度后，定期将其顶部修剪至低于该高度约30cm，这将使柔软的新枝隐藏住修剪的伤口。

如果需要特定的形状或轮廓，可以使用预切的木制模板。在模板上锯出所需的形状，再将模板放在绿篱上，以便轻松剪切或去除突出于模板之外的所有枝条。如果需要在植物的另一侧打造镜像的形状，则可以将模板翻转过来，然后用来对另一侧进行塑形。建立侧影后，不需要每年都使用该模板。

保证绿篱顶部水平最简单的方法是沿绿篱拉一根颜色鲜艳的细绳，将其绑在两根柱子上，再拉紧至适当的高度。

修剪侧面：在春季，从绿篱的底部开始，向上修剪。目标是将当季生长的枝条修剪到略高于上次修剪所留下枝条的位置。可使用手剪去除枝条上所有枯死和将死的叶片。

修剪顶部：放置两个相距约4m的立柱或结实的木棍，并仅触摸绿篱的前部。在所需的高度上，在支柱之间绑上一些颜色鲜艳的绳子，以便可以清楚地看到。开始修剪绿篱的顶部，对较粗的枝条使用手剪或长柄修枝剪。

整形
在裁剪和整形时使用模板来创建特定的绿篱轮廓。

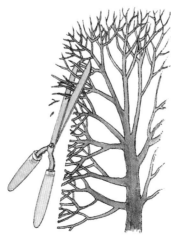

向上修剪
始终从下往上修剪到绿篱的顶部，使修剪物下的枝叶可以直接掉落。

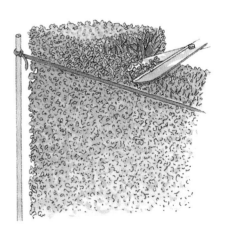

顶部水平
使用柱子和鲜艳的绳线作为辅助工具来制作平整的绿篱顶部。

翻新修剪

绿篱可能会超出其预期的生长空间，并可能被强风或大雪损坏。许多用作绿篱的植物可以通过重度修剪来恢复生机，且当修剪成功之后，往往很难看出这些植物的修剪痕迹。但有些针叶树，如红豆杉属植物和崖柏属植物，它们的老枝不能长出新芽，因此永远不要修剪。

当绿篱过度生长严重时，分阶段进行抢救性修剪要比一次重度修剪更可取。如果条件允许的话，应当先处理绿篱中遮蔽较深的一侧，因为当绿篱的另一侧被砍伐时，它会更快地做出反应并有助于保护花园。

补救修剪以减少宽度

第一年：在春季，将绿篱一侧的所有侧向生长的枝条向主干修剪至约15cm，照常修剪绿篱另一侧的枝条。

第二年：在第二年春季，将绿篱另一侧的枝条剪短至距主干约15cm。绿篱去年被重度修剪的一侧此时仅进行轻度修剪。同

时，通过轻微修剪新芽来抑制绿篱顶部生长，以促进枝条沿主干进一步分枝。

施肥

绿篱通常每年会被修剪多次，这会减少植物中的营养储备，从而降低它们的生长速度。每年增加一层覆盖物，如充分腐烂的花园堆肥或粪肥，或施用一般肥

过度生长的绿篱应在几个季节内分阶段修剪。

料，将有助于补充养分，翻新修剪后的施肥是尤为重要的。

工具

通常使用人工或电动修剪器来修剪绿篱，但修剪大叶常绿植物，例如冬青属植物和桃叶珊瑚属植物时，需要使用手剪，尽管这会花费更长的时间。在这些类型的绿篱上，机械修剪器会将大叶切成两半，导致它们缓慢变黄并死亡，变得丑陋。切割超过1.5m高的绿篱时，需要梯子或稳定的平台。

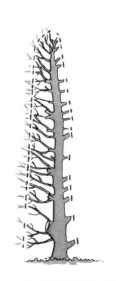

补救修剪以减少宽度
第一年：重度修剪绿篱的一侧，但另一侧只轻度修剪。

第二年：轻度修剪新长出的枝芽，但在另一侧严格修剪之前生长的枝条。

绿篱和造型植物将有助
于平衡花园的特征和景观，
给人以清晰度和对比感。

通过塑形修剪，可以将
主流的绿篱植物打造成你想
要的或有趣的造型。

攀缘植物

修剪攀缘植物的原因和其他植物一样，但它们也需要被引导向支撑结构生长。

打造一个间隔合适的枝条框架目的是使植株紧靠其支撑而生长，这涉及在坚固的枝条中进行定位和绑扎。修剪攀缘植物时，必须牢记该植物的生长习性。攀缘植物能在一定程度上自力更生，这可能会影响其修剪和整形。

可以以其他植物或物体攀爬的攀缘植物与人造攀缘灌木大不相同，后者经过专门培育，可以在垂直表面上生长。这些植物中的一部分可能生长非常迅速，每年的枝条能长很多，这通常意味着某些墙壁灌木每年需要修剪 2次，以调节生长和修剪枝芽。

攀缘植物通常在其整个生命周期中都在进行塑形修剪，而不仅仅是在幼小的时候。

凌霄，一种爬藤植物，最适宜生长于温暖、阳光充足的地区，有利于其萌芽成熟，来年开花。

在夏季，可以修剪牵引一些攀缘植物使其围绕门窗周围生长。如果未经修剪，攀缘植物会用吸盘或气垫根将自己固定在支撑物上，造成相当大的结构损坏。

根据其支撑方式，攀缘植物可分为三大类。

吸附类

吸附类植物有 2 种主要类型。第 1 类包括例如凌霄属植物、洋常春藤和冠盖绣球，它们依靠气生根来支撑自己。第 2 类是由诸如地锦之类的植物组成，它们的枝条上有小吸盘，通常不需要额外的支撑。

缠绕类

缠绕植物有 3 种主要类型。藤蔓植物，如木通、忍冬属植物、中亚木藤蓼和紫藤，它们的枝条缠绕在任何可以到达的地方，从而支撑自己。叶柄缠绕的植物，包括铁线莲和穗菝葜，会抓握其他物体。带有卷须的植物，会绕着它们可以够到的任何支撑物盘绕向上生长，包括葡萄和西番莲。

钩刺类

某些类型的蔷薇被称为攀缘植物，但实际上却是钩刺类植物。它们的枝条生长迅速，遍及其他植物，并用钩刺刺住支撑物，防

紫藤有缠绕的枝条，它们会附着在任何其他植物或结构上以支撑，以接触明亮的阳光。

止滑落，这就是刺的尖端都会向下倾斜的原因。

值得注意的是，如果种植后的头两年进行重度修剪的话，攀缘类型的灌木蔷薇可能会恢复为原始的灌木状态。

地被植物

通过种植低矮、茂密的植物来覆盖地面是一种利用植物的自然生长习性以保护土壤的方法。这具有双重优点，既可以令人欣赏，又能够遮挡阳光，从而抑制杂草。

地被植物通常是那些不超过45cm高，但会向外蔓延的植物。找到1种多茎植物，它可以通过分枝覆盖土壤并散开以遮挡光线。这意味着塑形修剪很重要，因为只有经常修剪才会让植物有最多的侧枝。

塑形修剪

修剪是为了促进多茎植物的发育，这种植物的枝干要低，蔓延生长，枝条间距均匀且靠近地面。在种植后的第一个春季，去除所有枯死和受损的枝条，并将剩余的枝条修剪成15~20cm长。由于这些枝条能产生侧枝，因此在剪下每根枝条的顶端，促进更多分枝之前，可以将它们的长度控制在15~20cm。

常规修剪

成熟的地被植物几乎不需要常规修剪，并且可以连续开花结果多年而完全没有经过修剪。但是，随着新枝生长，植株逐渐变得更高，下方会留下空隙。只要你不处理针叶，可以每5~6年修剪其较老的木质部分，这能减少植株的高度，并从根部刺激新的枝条发育，从而促使植株更加茂密，形成覆盖式的生长。

将植物修剪至离地15~20cm，并将老枝或非生产性的新枝修剪至离地面5~7cm，可以促进新枝替代老枝生长。

补救修剪

植物有时会生长得超出其分配的区域，发生这种情况时，不能简单地将枝条修剪回至花床或边界，更好的方法是将每个越界的枝条切至1个点，从此处需要1个完整的生长季节才能再次到达花床的边缘。将枝芽修剪至1个芽或1对芽处，并修剪所有不整齐的枝芽，去除所有死亡和损坏的枝条。

塑形修剪对于像这种常春藤这样的地被植物来说非常重要，可以促进其生长。

随着地被植物的生长，植株下方会出现空隙。每隔5~6年将植物修剪1次，从基部刺激新的枝条发育。

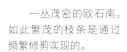

一丛茂密的欧石南。如此繁茂的枝条是通过频繁修剪实现的。

低维护修剪

低维护修剪可以最大限度地减少花园中修剪的工作量，但这应该是花园和植物全面管理方案的一部分，而不是忽视。即使在维护极少的花园中，植物也需要修剪。

低维护修剪已经在欧洲被采用多年，主要用以修剪市政绿化中的灌木。多年来，英国皇家玫瑰学会的园艺家在英国圣奥尔本斯的试验场上尝试对玫瑰采用不同的修剪技术，以观察植物对不同养护方案的反应。其中1个方案是不使用手剪、长柄修枝器和修枝锯的常用技术，而是用花园剪甚至机械绿篱修剪机来修剪灌木丛中的玫瑰。这种修剪方式涉及将所有植物枝条修剪到统一的高度，而不管枝条的粗细或它们在植物上的位置如何。尽管用此方法比用传统方法修剪过的植物所开出的花朵要略小一些，但花朵的质量却有很大的提升。这对在花床中培育的植物特别有用，在那里它们都会以相同的方式被对待，并保持一定程度的统一。

重要的是，用此方法产生的所有枝条都要去除和处理，并且切割工具必须特别锋利，以确保切割时干净利落，使切口没有任何裂口。这种方法最明显的缺点是，它会产生大量细小多汁的枝芽，并且这种类型的生长容易受到病虫害的侵袭，尤其是在新枝变得拥挤时。

更好的方法是传统方法和机械设备的结合。用绿篱修剪机修剪植物4~5年，再打断一年，用手工修剪来疏松密集的枝条和枯木。

这种修剪方法并非什么新方法，而是已经实践了很多年。面对产生大量细小枝条的植物，园丁总是用花园剪或手剪来修剪其枯死的花，以及生长密集的枝条。许多覆盖地面的玫瑰也可以用这种方法修剪，并且可以用花园剪或机械修剪器修剪掉老的或过季

低维护修剪
可以用绿篱修剪机修剪花床中的玫瑰，而不用手剪。

修剪后，刷扫掉所有的修剪枝条，使它们落在地面上。

收集并处理剪下的枝条，以减少病虫害的蔓延。

使用新的低维护修剪方法，会使许多灌木蔷薇开出更多的花朵。

极简修剪
仅去除古老的枝条，并使植物自然发育。

另一种低维护修剪的技术是去除一定数量的生长枝。通常包括每年或每隔一年要剪掉完整的树枝，以减少必要的修剪数量。往往要根据其健康状况和生长年限来选择要去除的枝条，首先去除枯死的、受损的、患病的和垂死的生长枝，然后在老枝中选两三根，一般用长柄修枝器或锯子将其除去。

极简修剪

在早春或开花期刚结束时，修剪两三根最老的枝条，尽量使其接近地面，以创造最大的生长期。去除并处理已被修剪掉的枝条。当去除脱落的枝条时，注意不要损坏剩余的生长枝。

一些植物一旦种好就不需要太多的定期修剪，特别是在种植初期就一直在努力进行塑形修剪的情况下。木兰、山茶花、大多数针叶树、长阶花、丁香、杜鹃和茴芋都可以多年良好生长，偶尔只需要轻度的修剪或摘掉枯花，以使它们保持整齐。

的花朵。

首先确定要进行修剪的高度，然后使用花园剪或机械修剪器剪掉所有在预定高度以上的枝芽，用戴手套的手在植物的顶部拂掉修剪下来的枝条，进行收集和处理。

翻新修剪

即使放任自流，许多植物也可以长得很好并且长年开花。毕竟，当它们在野外自由生长而没有园丁照料时，似乎也自我管理得很好。

我们选择大多数植物时是根据它们在花园中会呈现的外观，而不是它们在野外的样子。园丁们喜欢尽可能地利用花园中的可利用空间，这意味着要管理植物，使它们以特定的方式发挥作用，例如开花、结果或长出诱人的叶片，甚至用少量植物来实现所有这些目的。但是，大多数栽培方式都必须不断地投入时间和精力才能保持植物的吸引力。不被精心照护的植物常常形成新老枝条缠绕在一起的状态，花朵也逐渐变小，特别是在它们开始定期育种之后。

植物可能由于各种原因而被忽略。可能是园丁对植物没有兴趣或缺乏相关技能，当他接管了一个花园，却发现这项工作太困难或繁重。也有可能是因为园丁不知道如何修剪植物，并决定放任自流，以免伤害它们。不管是什么原因，结果都是一样的。但是，如果要花园维持活力，最终必须对植物进行修剪。此时，实施补救修剪或翻新修剪就很有必要了。最艰难的决定也许是该种植物是否值得付出努力。

一些植物对重度修剪反应良好，并且可以重获新生，而其他一些植物，例如金雀属植物，则可能因为修剪造成的伤口而导致枝条枯死，从而无法存活。大多数针叶树也无法从老的裸露的树干中长出新的枝条。但是，许多乔木和灌木都适合精心的翻新修剪。与其在单个季节中重度修剪1种植物，不如在2~3年内采用分阶段的修剪方式，这样植物会逐渐替换掉老枝。这将使你有时间选择最佳的新枝来进行整形，以替代主干和分枝。翻新修剪最好在早春进行。

嫁接植物

为了恢复嫁接植物的生长状态，可对其进行重度修剪，但同时也有可能会把嫁接植物修剪得太矮而出现问题。例如砧木顶部的栽培品种可能会被无意间全部去除，或者砧木生长过于旺盛，以至于其不定芽难以生长。

石楠花这种大型灌木需要分阶段修剪，而不是同时修剪所有枝芽。

施肥

　　每次对一种植物进行重度修剪时，都应对它进行施肥。施用1种缓释肥料或1层充分腐熟的花园堆肥或粪肥，可以帮助植物从重度修剪的冲击中更快地恢复过来。

修复一棵老灌木

　　第一步是移除所有已死的、濒死的、患病的和损坏的枝条。可在植物积极生长的时候进行此步骤，因为这样更容易分辨出哪些枝条是健康的，哪些是不健康的。接下来，去除约1/2剩余的存活枝条，把它们剪切至地面。最后，修剪剩下枝条上所有的侧芽，使每根主枝上只剩3~4个芽。

　　到了第二年，把前一年经过修剪但没有剪掉的枝条全部剪掉。为防止枝条过度拥挤，可能还需要继续疏剪上一个季节生长的新枝，只保留强壮、健康的枝条，确保它们所处的位置合适，

翻新修剪一株松散的老植物
将所有枝条修剪至地面附近，以刺激新的生长。

选择最强壮的新芽并使其生长，去除所有较弱的芽。

以形成一个良好的整体形状。去除你不想保留的新枝，并修剪掉所有细的、杂乱的和损坏的枝条，把不需要的较强壮的枝条上的芽修剪至剩三四个，这样它们就可以在需要的时候长成可替换的新枝。

　　对于嫁接的植物，去除砧木上出现的任何芽。如果芽从地面长出，则可用手将枝条拔掉，以去除其基部周围的所有休眠芽。如果不定芽从土壤中出现，从不

定芽底部周围挖出土壤，然后用手将其拉出，去除不定芽后更换土壤。

　　如果植株对修剪反应良好，那么在3~5年内就能恢复良好的长势。经过修复修剪之后，仔细观察植株，它们通常会长出大量柔软多汁的新生枝条，容易受到病虫害侵害。不要忘记在植物重新生长后去除残留的木桩，它们可能成为真菌繁殖的场所。

提升树冠
这是一种通过修剪底层树枝来提升树冠的技术。

修薄树冠
降低枝条密度，使光线进入花园，或减少大树风阻。

特殊修剪

有些修剪技术仅在特殊情况下使用，是为了使植物产生特定的效果。通常是在常规修剪无效时，才会有意采用这些特殊方法来替代。

切口和开槽

有些植物自然生长会产生很长的光秃秃的枝干，几乎没有任何枝条，可能只需要偶尔纠正一下枝条框架的平衡，就可以改善其结构和整体外观。

如果你想限制一个芽的生长，在芽的正下方用锋利的刀子划一个小的"V"形切口，可以限制促进其生长的化学物质的供应，从而抑制这个芽的生长。相反，如果你想促进某个芽的生长，可以在它的正上方做1个小的"V"形缺口，以增加它的活力，刺激

新芽的生长。开槽还能刺激光秃枝条产生侧芽。

这种类型的修剪在春季进行最有效，此时正值萌芽，植物汁液充足、生长旺盛。

树冠修剪

树冠修剪是一种传统的重度修剪方法，可以持续不断地提供可再生的芽。这对于让植物产生大量相对较细的一年生芽特别有用，而不是让它形成1个粗大的框架。

树冠修剪是在每年春季或每

半年进行1次。将现有枝条修剪至离树干5~7cm，树干保留离地约2m。有活力的植物，如杨树或杨属、梓属、椴属、悬铃木属、紫荆属和一些柳属变种，可以通过树冠修剪在冬季形成迷人的叶子或色彩鲜艳的嫩芽。

切口
在芽的正下方切口，以限制其生长。

开槽
在芽的正上方开1个小槽，以促进其生长。

树冠修剪
将所有枝条修剪至仅剩靠近主干的1截存根。随着新芽生长，再疏松枝芽，只保留其中最粗、最壮的。

左上：许多柳树因其鲜艳的新树皮而被种植，因此每年春季被截树冠修剪部，以促进新鲜的茎条生长。

右上：像榛木和接骨木这样的矮树林会在春季促进其生长出大而鲜艳的叶子。

矮林作业

矮林作业，也被称为分蘖，是古老的修剪技术之一。它被用作林地管理方法已有近 700 年的历史，可用于促生幼小而笔直的枝条，来制造栅栏和供应木炭燃炉的原料。现在人们用这种方法来种植那些具有鲜艳树皮或迷人叶子的植物。

矮林作业的主要目的是让植物的叶片比平常更大，枝条更有活力，适用的植物诸如毛泡桐、黄栌、接骨木属、桉属、榛属和柳属等。经过矮林作业，所有这些植物的叶色会更加鲜艳或更具有观赏性。

另外，这种技术还可以让青榨槭、山茱萸属、粉枝莓和白柳等植物的枝条更加鲜艳，这些植物落叶后在整个冬季都是最具观赏性的。桉属植物也经常被修剪，用于插花。

矮林作业

把所有的枝干修剪至非常接近地面的基部，随着新芽的生长，再疏松枝芽，只保留最粗、最壮的。

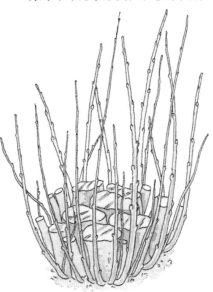

右图：编织是指沿着线支架水平地
对侧芽整形。

对页：1条林荫大道是1幅迷人的
风景，特别是当侧芽开始缠绕的时候。
春夏两季，1排编织好的树木营造出了
"高跷绿篱"的效果，同时还能让光线
照射到下面的植物。

编织

乍一看，1排编织好的树木
看起来像是在双腿或高跷上的绿
篱。在过去的岁月里，编织而成
的林荫大道被视为地位的象征，
英国都铎时期的贵族地主会吹嘘
他们需要多少园丁来维护被编织
好的树木。欧洲的花园，例如法
国凡尔赛宫的皇家花园，最初包
含无数条长长的林荫大道，两侧
是被编织修剪的树木。近年来，
这项技术再次流行起来，尤其是
在规则式花园中。

这种修剪和造型相结合的过
程需要大量的劳动力和复杂的分
工合作。侧枝沿着线支架水平方
向生长，从这些侧枝上分生出来
的任何枝条都被修剪回到原点的
一两个芽内。侧枝在生长过程中
相互缠绕，最终形成一个屏障。
一旦这个框架建立起来，嫩枝就
会像普通绿篱一样被修剪掉。

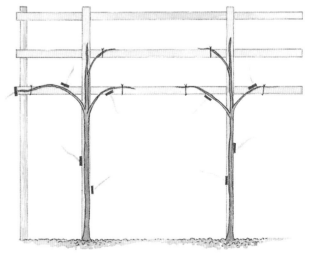

编织
将主干作为支撑骨架，去除所有主干上形成的枝
条，并去除不能修整为支撑架的侧枝。

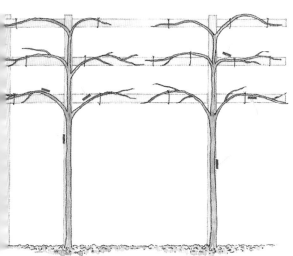

当树冠到达支撑架的顶部时，开始向水平方向整形。剪短所有长侧枝，去除主干上形成的所有枝条。

当每棵树的枝条彼此接触时，就开始把它们编织在一起。修剪掉所有枝条上与主框架呈直角生长的枝芽。

对一棵树进行花环装饰是指把长而灵活的枝芽向植物基部弯曲整形，以增加花的产量。

花环装饰

许多开花植物往往会开出越来越多的花朵，并且在某些情况下，当枝条水平生长或略低于水平生长时，会产生更多的果实，因此枝条尖端要位于侧枝从主干伸出的点以下。某些植物，例如苹果属和柳叶梨，通常会长出长而有弹性的枝条，这些枝条可能需要数年的时间才能成为开花枝。

与其修剪这些长枝并与植物的自然生长习性做斗争，不如将它们绑在一起，形成环状。在长枝的末端绑一根大约15cm长的绳子，然后将绳子的另一端松散地固定在主干的基部，使长枝保持在适当的位置。像这样弯曲枝条，会使枝条中促进生长的化学物质进行重新分配，沿着这些弯曲的枝条会发出新芽并产生侧枝，在夏季可以修剪成剩3~5个芽。它们将形成开花枝，在来年的春季开花。如果这些分枝变得过于密集，则可以去除整条分枝或分枝的一部分，从而为替代枝芽的生长留出空间。

根部修剪

这种技术现在很少使用，但可以作为控制植物活力或减少根系竞争的最后手段。这也是一种鼓励它们更频繁开花的出色方法。如果一株植物长得太大或长出太多新芽，可能需要剪掉植物的顶部，但这通常只会让它长出更茂盛的新芽或长得极其畸形。

如果一株植物要健康、平

根部修剪
在树冠覆盖区的外延围绕树挖出1条沟，沟宽相当于一把铲子的宽度，约45cm。

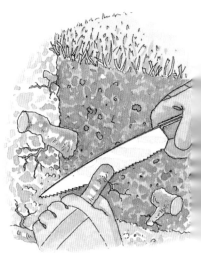

锯掉沟中露出的所有粗根，去除所有松动的尾部，然后再用土填满沟。

衡地生长，就必须在芽和根之间保持物理和化学的平衡。来源于植物根部的天然化学物质直接影响生长速度，以及枝条生长与开花之间的平衡。根部修剪目的是去除产生这些化学物质的部分根系，限制它们的供应会改变植物中化学物质的平衡，从而限制了枝条的发育和延伸生长，减少了植物开花而不是长芽的倾向。优点是，根部修剪可以促进植物产生更多的分枝和更高比例的小须根。

然而，根部修剪确实有一些缺点，而且时间必须精确——必须在一年中风最大的天气结束的春季完成。如果在秋季把支撑植物的大块根部移走，植物很可能会被冬季的强风吹倒。如果植株足够健康，可以在春季进行根部修剪，那么修复过程和新根的

形成将会很快。也要记住，有些植物是通过扦插来繁殖的，如像刺槐属、檫木、大青属和杨树等植物的根部被修剪，而切断的部分留在地里，它们可能会开始长出新芽，并迅速占领花园的大片区域。

环状剥皮

这是一种简单但有效的技术，可以限制植物的生长，如果其他修剪方法没有达到预期的效果。当根部修剪不实用时，也可以使用这种方法，例如，如果主根位于小路或车道下面。

仲春时，从主干上剥去 6～12mm 宽的狭长树皮。注意不要剥下完整的一圈，否则会导致植株死亡。伤口的深度很重要，需要切到形成层，也就是木头表面的薄薄的一层细胞，就在树皮下

面。去除这层树皮会形成一道屏障，限制树叶中产生的碳水化合物和促进生长的化学物质向下流动，它们会在年轮上方的枝条中积累。这使得植物的环下区域缺乏养分和促进生长的化学物质。由于根系低于环状区域，根系活动也会减慢，这抑制了顶生。

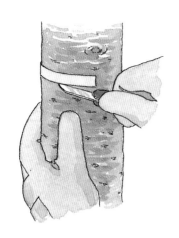

环状剥皮
用一条胶带围绕在树干上做指引。

沿着胶带的两边切开树皮，留下一小段树皮，再把剩余围绕树干的皮剥掉。

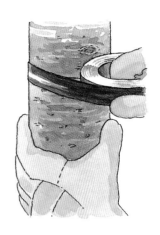

用电工用绝缘胶布覆盖切口表面。

附录

植物修剪时间

植物	修剪时间	植物	修剪时间
六道木属	早春或晚春	素馨属	早春
猕猴桃属	冬末或早春	紫薇属	早春
唐棣属	晚春	薰衣草属	早春至仲春，或夏末
青木	仲春	忍冬属（藤本）	夏末
小檗属（落叶品种）	初夏	忍冬属（灌木）	春末或初夏
小檗属（常绿品种）	初夏	北美木兰属	仲夏
叶子花属	早春	十大功劳属	早春或仲春
大叶醉鱼草	早春或仲春	苹果属	仲夏或夏末
紫珠属	仲春	木樨属	晚春
红千层属	晚夏	西番莲属	早春
帚石南属	冬末或早春	山梅花属	夏末
山茶属	仲春	金露梅	仲春
美洲茶属（落叶品种）	早春或仲春	李属（落叶品种）	晚春
美洲茶属（常绿品种）	早春或仲夏	李属（常绿品种）	冬末
紫荆属	初夏	火棘属	晚春或夏末
木瓜海棠属	晚春或初夏	杜鹃花属	仲夏
墨西哥橘属	晚春	蔷薇属（大花）	冬末或早春
铁线莲属（早花组）	晚春或初夏	蔷薇属（簇花）	冬末或早春
铁线莲属（中花组）	冬末或早春	蔷薇属（灌木和其他品种）	冬末或早春
铁线莲属（晚花组）	冬末或早春	藤本月季	早秋或仲秋
红瑞木和贝蕾红瑞木	早春或仲春	攀缘蔷薇	早秋或仲秋
黄栌属	早春	迷迭香属	夏末
枸子属（落叶品种）	冬末	柳属	早春或仲春
枸子属（常绿品种）	冬季或仲春	接骨木属	冬季
榕属	冬末或早春	尖绣线菊	初夏
连翘属	晚春或初夏	丁香属	仲夏
绵绒树属	仲夏	红豆杉属	仲春或晚春
倒挂金钟属	早春	越橘属	冬末
常春藤属	早春	荚蒾属（落叶品种）	冬末
木槿属	冬末或早春	荚蒾属（常绿和半常绿品种）	初夏或仲夏
绣球属（灌木）	早春	葡萄属	冬末
绣球属（藤本）	夏末	锦带花属	仲夏
冬青属	仲夏或夏末	紫藤属	冬末和仲夏

不需修剪或只需少量修剪的植物

落叶植物	常绿植物	落叶植物	常绿植物
鸡爪槭及其变种	青木及其变种	冠盖绣球亚种及其变种	欧洲或美国冬青及其变种
紫荆属及其变种	山茶属及其变种	轮生冬青	木樨属及其变种
木瓜海棠属及其变种	墨西哥橘及其变种	北美木兰属及其变种	红叶石楠及其变种
欧黄栌及其变种	岩蔷薇属	杜鹃花属及其变种	李属及其变种
枸子属及其变种	枸子属及其变种	丁香属及其变种	杜鹃花属及其变种
瑞香属及其变种	卫矛属及其变种		铁杉属及其变种
木槿及其变种	尖叶白珠及其变种		荚蒾属及其变种

适宜作绿篱的植物

规则式绿篱（经修剪）				
植物	常绿 / 落叶	最佳高度	修剪次数	是否对补救修剪作出反应
锦熟黄杨	常绿	0.3~1m	春季 1 次，夏季 2 次（但绝对不要在冬季修剪）	是
欧洲鹅耳枥	落叶	1.5~6m	夏末 1 次	是
美国扁柏	常绿	1.2~2.4m	晚春 1 次，早秋 1 次	否
单子山楂	落叶	1.5~3m	夏季 1 次，秋季 1 次	是
利兰柏树	常绿	2~6m	春季 1 次，夏季 2 次（但绝对不要在冬季修剪）	否
胡颓子	常绿	1.5~3m	仲夏至夏末 1 次	是
南鼠刺属	常绿	1.2~2.4m	开花后立即修剪 1 次	是
扶芳藤	常绿	1.2~2m	夏季 1 次	是
欧洲水青冈	落叶	1.5~6m	晚夏 1 次	是
滨南茱萸	常绿	1.2~3m	晚春 1 次，夏末 1 次	否
冬青及其杂交变种	常绿	1.2~4m	晚夏 1 次	是
女贞属	落叶	1.5~3m	春季 1 次，夏季 2 次（但绝对不要在冬季修剪）	否
亮叶忍冬	常绿	1~1.2m	春季 1 次，夏季 2 次（但绝对不要在冬季修剪）	否
木樨属	常绿	2~3m	春季 1 次	是
桂樱	常绿	1.2~3m	冬末 1 次	是
火棘属	常绿	2~3m	开花后 1 次，夏末 1 次（但应避免剪到果实）	否
欧洲红豆杉	常绿	1.2~6m	夏季 1 次，秋季 1 次	否
崖柏属	常绿	1.5~6m	晚春 1 次，早秋 1 次	否

自然式绿篱（未经修剪）				
植物	常绿 / 落叶	最佳高度	修剪次数	是否对补救修剪作出反应
达尔文小檗	常绿	1.5~2.4m	开花后 1 次	是
日本小檗	落叶	0.6~1.2m	开花后 1 次	是
墨西哥橘	常绿	2~2.4m	开花后 1 次	是
厚叶梅子	常绿	1.5~2.2m	结实后 1 次	是
单子山楂	落叶	1.5~3m	冬季 1 次	是
南鼠刺属	常绿	1.2~2.4m	开花后立即修剪 1 次	是
美国金钟连翘	落叶	1.5~2.4m	开花后 1 次	是
短筒倒挂金钟	落叶	1~1.5m	春季 1 次，去除老枝	是
丝缨花	常绿	1.5~2.2m	开花后立即修剪 1 次	否
木槿	落叶	2~3m	春季 1 次	否
欧洲或美国冬青	常绿	2~6m	夏末 1 次	是
薰衣草属	常绿	0.3~1m	春季 1 次，开花后 1 次	否
火棘属	常绿	2~3m	开花后 1 次，秋季 1 次（但应避免剪到果实）	否
玫瑰	落叶	1~1.5m	春季 1 次，去除老枝	是
荚蒾属	常绿	1~2m	开花后 1 次	否

术 语 表

互生（芽／叶）：枝条相对侧交互生长的叶子。

枝端：枝条的顶端，用来生长的部分。

顶芽：枝条生长点最顶端的芽。

腋部：植物的枝或叶与主茎相连处形成的角。

腋芽：从叶腋生出的芽。

树皮：木本植物根茎表面的一层保护层。

环剥：将树干剥去一圈树皮的做法，以促进生殖生长。

隔年结实：植物以两年为周期结果的习性。

伤流：春季修剪过的植物汁液过多。

盲芽：不能产生顶芽的芽。

分枝：从主枝上生长出的侧枝。

新梢：修剪后从芽中长出的新枝。

阔叶植物：具有扁平、宽阔叶片的落叶或常绿植物。

芽：植物的幼体，可以发育成枝、叶或花的那一部分。

芽接点：栽培品种在砧木上发芽的地方。

灌木：枝条丛生、无明显主干的木本植物。

愈伤组织：在伤口或受伤表面形成保护层的植物组织。

攀缘植物：一种能够垂直生长的自立植物。

复叶：一个叶柄上有多片小叶。

针叶植物：有裸胚，结球果并具针状叶的一类植物。

矮林作业：每年将植物重度修剪至地面。

树杈：两根枝条相连或一根枝条与树干相交的位置。

树冠：树木主干上方的树叶。

栽培植物：指并非在野外发现而是通过培育而成的植物。

摘枯花：去除枯死的花头或带种子的果实。

落叶植物：春季长出新叶，至秋季脱落的植物。

顶梢枯死：指一些植物从顶梢开始逐渐向下枯死的现象。

休眠期：植物越冬停止生长的时期。

树篱：树木经过修剪整形可以将垂直主干上的枝条分出若干平行层次。

常绿植物：整个冬季叶片可以保持生长的植物。

框架：木本植物的主枝形成的稳定持久的结构。

果实：植物用来储存种子的组织。

嫁接点：接穗与砧木的结合处。

嫁接：一种繁殖方法，可以将两种或多种不同的植物结合在一起。

杂交：两个或两个以上的物种或一个物种的不同形式之间的交配融合。

合轴分枝：从腋芽中产生的侧枝。

主茎：植物最重要的茎条（通常是顶生枝条）。

小叶：复叶中的一片。

长柄剪：有长手柄的修剪器材，用于修剪较粗的枝条。

覆盖层：用于覆盖土壤的一层材料。

对生：叶、芽或枝条成对排列，彼此相对。

观赏植物：主要为其装饰价值而种植的植物。

掐头：去除枝条的生长点，用于促进侧枝的发育。

截冠：对一棵树的主要枝条进行重度修剪，只剩主干。

蔓生植物：茎蔓充满活力、喜爱攀缘的一种植物。

翻新修剪：系统替换侧向分枝的修剪方法。

根：植物的地下支持系统。

根球：一株植物的根系与其包裹的土壤或肥料。

断根：对植物的根系进行修剪，以控制其生长。

砧木：嫁接繁殖时承受接穗的植株。

树液：植物的汁液。

接穗：嫁接时接在砧木上的枝或芽。

枝条：一条分枝或细枝。

侧枝：从主枝或副主枝上生长出的小枝。

短枝：短的带花或果实的枝条。

标准树：树干高度至少 2m 以上的树木。

茎：一棵树的主枝。

核果：果实类型之一，如杏、樱桃、李子等。

根出条：地下根茎底部长出的侧枝。

主根：植物最大最主要的根茎。

卷须：植物的茎或叶变态而成的须状物，使植物能够攀爬。

萼片：花被的一部分。

顶芽：茎条生长点最上面的芽（也叫作顶端芽）。

疏剪：修剪枝条，以提高剩余枝条的质量。

装饰修剪：通过修剪和塑形，使树木或灌木具有一种人造形状，如几何图案或抽象图案。

乔木：多年生木本植物，通常在一根明显的主干形成枝条框架或树冠。

树干：成熟树木的主干。

斑叶：植物的一部分（通常是叶子）有斑点状的图案，颜色不一。

营养生长：指植物的根是由种子胚根长成的，不需开花、结果的生长方式。

轮生体：同一水平的 3 片或 3 片以上的叶、芽或嫩枝轮状着生。

木材：树木和灌木的木质化组织。

创伤：植物上的所有切口或受损部位。

感谢名单

感谢以下书中图片的提供者。

Key: l (left), r (right), a (above), b (below)

www.shutterstock.com: p.1 (leaves, also on pp.3, 5, 17, 153) Bariskina; p.2 iMoved Studio; p.4 Nataliia Melnychuk; p.6 Oleksandr Chub; p.8a Andrew Fletcher; p.8b Vladimir Zhupanenko; p.9 GryT; p.12ar encierro; p.13ar Bachkova Natalia; p.14 Delpixel; p.15a Deatonphotos; p.15b Jason Kolenda; pp.16–17 Michele Paccione; p.18 Isabel Sala Casteras; p.20 mizy; p.22 Dudakova Elena; p.24 zvetok; p.26 Oleg1824; p.28 EMFA16; p.30 Y. Raewongkhot; p.32 Vahan Abrahamyan; p.34 Radka Palenikova; p.36 Inna Reznik; p.38 Greta Nurk; p.40 MaryAbramkina; p.42 Svetlana Mahovskaya; p.44 Juriaan Wossink; p.46 guentermanaus; p.48 Lev Savitskiy; p.50 Gurcharan Singh; p.52 Mali lucky; p.54 Mariusz S. Jurgielewicz; p.56 Garmasheva Natalia; p.58 Flojke; p.60 Kateryna_Moroz; p.62 Agnes Kantaruk; p.64 Craig Russell; p.66 Evgeny Gubenko; p.68 Nick Pecker; p.70 AlessandraRC; p.72 Nawin nachiangmai; p.74 villorejo; p.76 LensTravel; p.78 aoya; p.80 Flegere; p.82 nnattalli; p.84 pisitpong2017; p.86 ananaline; p.88 Iva Vagnerova; p.90 JurateBuiviene; p.92 Bo Starch; p.94 george photo cm; p.96 APugach; p.98 nnattalli; p.100 Zhao jian kang; p.102 Lars Ove Jonsson; p.104 Sergey; p.106 photowind; p.108 joe yasuoka; p.110 flaviano fabrizi; p.112 dadalia; p.114 Grisha Bruev; p.116 Stella Oriente; p.118 Paul Atkinson; p.120 Nick Pecker; p.122 Motoko; p.124 Monika Pa; p.126 Maren Winter; p.128 Andrew Fletcher; p.130 SGr; p.132 Vikulin; p.134 loflo69; p.136 Mariusz S. Jurgielewicz; p.138 Studio Barcelona; p.140 Robert Biedermann; p.142 EMFA16; p.144 hfuchs; p.146 Magdalenagalkiewicz; p.148 nnattalli; pp.152–153 allstars; p.155a Peter Turner Photography; p.157a Andrew Mayovskyy; p.159a Chrislofotos; p.159b Jeanie333; p.162a Artush; p.162b photowind; p.164 North Devon Photography; p.165 Monika Pa; p.168a Thomas Soellner; p.169a Yolanta; p.169b PA; p.170 nadtochiy; p.171 Kristina Bessolova; p.172 Svetlana Mahovskaya; p.173a ESB Basic; p.173b Freekee; p.175a LiliGraphie; p.176 Philip Bird LRPS CPAGB; p.179al RockerStocker; p.179ar Deatonphotos; p.180a Martin Kemp; p.181a Germanova Antonina; p.182a Peter Turner Photography.